U0040682

The 1st Step to Retail Management

—— 從零開始讀懂 ——

零售管理

〔一本掌握 門市選址、顧客經營、賣場設計
供應商關係、商品搭配、庫存管理 的實戰全書〕

清水 信年、坂田 隆文——編

張嘉芬——譯

１からのリテール・マネジメント

序文

◇零售管理的重要性

零售業是最貼近你我生活的商業活動。街頭的超市或專賣店，銷售著許多日常生活所需的物品；到了假日，許多情侶或攜家帶眷的家庭客，會在市區的百貨公司或郊區的購物中心渡過愉快的時光；學生族群則有不少人每天都在便利商店、成衣品牌門市打工。

穩定銷售各種必要的物品，店頭從不缺貨；在賣場展現優質商品不為人知的魅力，讓上門顧客有機會認識；營造能讓顧客度過舒適、愉快購物時光的空間，讓購物不只是消費行為；具備妥善運作機制，讓工作經驗不多的年輕朋友也能大顯身手，成為優質店舖的營運戰力——在零售業當中有著各式各樣的行為和支持機制，讓這些事得以落實，我們稱之為「零售管理」（Retail Management）。所謂的「零售」，就是像零售業（Retailing）這樣，以消費者為交易對象的商業活動。我們編寫這本《從零開始讀懂零售管理》的目的，就是希望各位讀者能學會零售管理的基本知識，並對零售管裡當中的各項活動與機制有更深入的了解，進而感受到「零售業」的存在有何迷人之處。

各位今天吃了什麼早餐？現在身上穿的衣服、戴的手錶，又是哪個品牌的商品呢？是否打算為心目中某個重要的人準備一份禮物呢？不論是食品這樣的生活必需品，或是名牌商品之類的嗜好品或禮品，都是由製造商（廠商）生產的產品。可是，通常我們不會直接向廠商購買這些商品。多數情況下，我們購買商品的地點，都是在零售商所經營的門市。

　　換句話說，如果零售業不存在，我們的購物行為會變得非常不便。各位可以想像嗎？為了在晚餐的飯桌上端出鮮魚，一大清早就必須趕到遠處的漁港採購；或為了找一件喜歡的衣裳，得走遍多家成衣廠……這樣的購物行程不只不開心，而且還很辛苦。這樣一想，各位應該就能明白平時我們購物的那些零售商店，究竟有多麼重要了吧？

　　零售業的重要性，也反映在各項統計數字上。例如呈現日本經濟規模的國內生產毛額（GDP），在二〇一〇年時是約 481 兆日圓（名目 GDP），其中約 6% 來自零售業的貢獻，規模高於農林漁牧業、金融保險業、資訊通訊業等；再就勞動力的角度而言，零售業從業人員的人數約有 758 萬人（二〇〇七年統計數字）佔全日本就業人口的一成以上。此外，不論是從「整個產業所創造的經濟附加價值」，或「為民眾提供工作機會」的觀點來看，零售業在日本經濟當中都佔有舉足輕重的地位。於是「零售管理」在各家零售業者當中，必然扮演著相當吃重的角色。

◇本書特色

　　負責撰寫本書各章的作者，都期盼能讓更多人了解零售管理，進而深化各位對零售管理的興趣。

　　在編撰過程中，我們預設本書的主要讀者，是剛開始在大學學習行銷或流通的同學，或將來有意在零售業一展長才的社會人士。為求能對以上諸位讀者更有助益，本書具備以下特色：

　　首先是以實際案例（個案）為主軸，進行解說。想必各位都曾

多次以顧客身分走進零售業的門市，但零售管理的許多活動或機制，都發生在顧客看不到的地方，或是機制規模涵蓋門市與非門市。因此，我們認為呈現零售管理的實際樣貌，並說明當中的要點，是最適合用在初學者教科書上的舖陳方式，而非羅列抽象的解說或通論。後續在各章當中，會先為各位介紹個案，再講解個案裡出現的零售管理要點。

承上，第二個特色，是我們所挑選每一個個案皆為超市。對多數人而言，若要找出一個最切身相關的零售業，想必那些開在住家附近，食品等生活必需品一應俱全的超市，會是最好的答案。為了讓本書的讀者能有更具體的想像，或是為「原來那家店用了這樣巧思」而大感驚訝的同時，還能對零售管理有更深入的了解，因此我們認為，以超市來當研究個案，是最合適的選擇。

另外，在我們通稱為「超市」的商店當中，其實又分為以食品為主要品項的食品超市，和品項多元，食品、其他生活必需品等皆有販售的綜合超市。這兩者在商業發展上的優勢、劣勢，以及形成的歷史背景等，都有些不同之處。本書為降低初學者的理解門檻，故將兩者都稱為「超市」。

不過，畢竟零售業除了超市之外，還有多種不同的商業型態。因此我們在每章的兩篇專欄當中，會用其中一個專欄的篇幅，來介紹除了超市以外的其他零售業態。本書各章說明的零售管理，都是日本各家超市業者在長年耕耘之下，所發展出來的卓越活動或機制，但它們不只與超市經營息息相關，更是所有「需要直接面對消費者」的各行各業，共同的重要課題。為了讓各位更了解這個概念，本書在編排上，除了正文當中探討的超市個案之外，還會在專欄當

中談談其他行業。這是本書的第三個特色。

最後還想再介紹本書的一項特色，那就是各章結尾的「進階閱讀」和「動動腦」單元。既然本書的定位，是為初學者所寫的教科書，那麼本書的主要目標，就是希望深化各位對零售管理的了解，或提高各位對零售管理的興趣，而不是要各位學習大量專業術語等知識。因此，為服務那些在讀完各章解說的問題後，還想多學習一些專業知識的讀者，或有意更進一步深入探討的讀者，各章作者都會列出「進階閱讀」的推薦書籍清單，並簡要介紹該本書籍有助於學習哪些方面的問題，期能幫助各位學習更多相關知識。

另外，在「動動腦」單元當中，則會準備零售管理方面的三道題目，希望各位能以各章的學習內容為基礎，實際提出自己的答案。它們都不是說出記誦知識就能回答的題目，而是要讓各位能針對實際問題（很難給出正確答案的問題）提出解答的練習題。除了動腦之外，有些題目甚至還必須活動手、腳。為了能讓零售管理更具體地化為各位切身相關的問題，請各位務必挑戰一下。

◇本書結構

本書由三個部分構成。各位可從第一章起依序閱讀，若對第Ⅱ、Ⅲ篇的主題有興趣，也可從該章開始讀起。

在第Ⅰ篇當中，為了讓各位讀者概略了解零售管理的全貌，我們會介紹幾個發生在超市裡的故事。舉凡持續在零售業推動各項新措施的伊藤洋華堂（Ito-Yokado，第 1 章），從一家零售商店發展成連鎖經營的丸八超市（Maruhachi，第 2 章），從高度經濟成長

期起就一路引領日本超市業界發展的大榮（Daiei，第 3 章），還有
在日本這個成熟的消費社會中成功改革零售管理的成城石井（Seijo
ishii，第 4 章），都是很有特色的超市。

在第 II 篇當中，則是要為各位說明零售管理如何將超市門市打
造成吸引顧客上門的地方。例如運用製造業的品質管理手法，來進
行門市商品搭配管理的 UNY（第 5 章）；以洋溢歡樂氣氛的賣場設
計，贏得顧客支持的陽光超市（Sunshine，第 6 章）；透過門市後
場革新，而為日本現在的食品超市業界打下基礎的關西超市（Kansai
Super Market，第 7 章）；重新整理交易往來和物流，追求更多企
業成長的生活企業（LIFE CORPORATION，第 8 章）；支持超市研
發獨家商品的 CGC 集團（CGC JAPAN，第 9 章）；利用日本市場
還不熟悉的價格操作手法，吸引顧客的西友（Seiyu，第 10 章），
都是業界知名的企業。我們會以這些企業為個案，說明打造吸引顧
客造訪的門市，需要動用哪些零售管理的手法。

在第 III 篇當中，我們要講解的，不是個別門市的議題，而是
如何運用零售管理來提升零售通路的魅力。例如將顧客的購買行
為數據化，應用在企業策略上的荻野（OGINO，第 11 章）；隸屬
於永旺旗下，試圖在未拓點地區開設新型態門市的我的菜籃（My
Basket，第 12 章）；推動各項措施，協助員工將能力發揮到極限的
哈洛日（Hallo Day，第 13 章）；打造「網路超市」這種零售新機
制的富雷斯塔（FRESTA，第 14 章）；還有憑著過去在日本累積的
零售管理實力，到海外市場打天下的永旺（AEON，第 15 章）。超
市這種商業活動的機制，並不是一套已完成的歷史遺緒。在第 III 篇
的各章當中，會為各位介紹零售業者如何因應不斷變化的消費者需

求和競爭環境，持續強化自身優勢，呈現零售管理的新風貌。

　　對各位讀者而言，零售業本該是最貼近生活的商業活動。然而，透過本書學習零售管理之後，想必各位對包括超市在內的零售業，印象將會有很大的轉變。這是我們作者群寫作本書的用意，也是我們的期盼。開場白就先說到這裡，接下來就讓我們趕快踏出學習的第一步吧！

　　二〇一二年五月

作者群代表

清水信年

CONTENTS

第3章　連鎖店存在的意義

第4章　以顧客為出發點的零售經營

第 II 篇　用對管理工具，打造魅力門市

第5章　商品搭配管理

第6章　賣場規劃設計

第7章 後場規劃設計

第8章 供應商關係與物流管理

第Ⅲ篇　提升供應鏈整體價值的管理手法

第11章　活用顧客資訊

第12章　門市立地與商圈分析

第13章　連鎖店的人才運用

第14章　網路超市的創新

第15章　零售業的跨國發展

第 I 篇

零售管理概論

第 1 章

零售業是應變業

第 1 章
第 2 章
第 3 章
第 4 章
第 5 章
第 6 章
第 7 章
第 8 章
第 9 章
第 10 章
第 11 章
第 12 章
第 13 章
第 14 章
第 15 章

1. 前言

現在對許多日本消費者而言，銷售食品、日用品和服飾等多元品項的超市，想必已是生活上不可或缺的存在。

事實上，對零售業者來說，日本消費者可是相當難纏的狠角色——對魚類和蔬菜等極度講求新鮮的食品，日本消費者的消費量很可觀；在四季遞嬗之中，日本消費者對當令食材與服飾的需求也會隨之轉變。最棘手的，就是日本消費者對品質相當挑剔，估量商品價值的眼光非常精準。天天面對這樣的顧客上門消費，日本的各家超市業者，都練就了一身做生意的好功夫。

就因為超市是你我生活上熟悉的好朋友，所以想必有不少讀者都會認為超市是「到處都有」的一種商業活動。可是，在這些挑剔消費者的鍛鍊下，日本的超市其實具備了多種歷經千錘百鍊的機制與技術。在你我生活周遭的那些超市裡，各位也都能接觸得到這些機制與技術。接著我們就以某家超市為例，來一窺堂奧吧！

2. 位在西方邊陲的伊藤洋華堂

◇精心準備的展店行動

從神戶市搭乘快速電車往西行約三十分鐘，就會來到兵庫縣的加古川市。一九八八年二月，「伊藤洋華堂」選在這裡，開出了他們的第 131 家門市。

當時，伊藤洋華堂的年營業額是 1 兆 457 億日圓，營業利益為 583 億日圓（一九八七年三月至一九八八年二月），事業持續成長。對以東京為根據地的伊藤洋華堂而言，加古川門市是繼大阪府的堺門市之後，在關西所開出的第二家門市，也是該公司在日本國內的門市當中，位處最西邊的一家。

加古川門市所在的位置，是一個民營地鐵站前，附近就是有大型煉鋼廠等多家工廠林立的工業重鎮。門市基地上原本是一家在地的化學工廠。而這棟地上三層樓高的店面，除了有賣場面積 10,400m² 的伊藤洋華堂進駐外，還有 80 家品牌專賣店進駐櫃位，組成一家購物中心。開幕當時，附近已有幾家大型全國連鎖超市的門市插旗。

展店之際，伊藤洋華堂就已預期加古川門市周邊的消費者，和關東地區的顧客偏好有所不同，也明白開幕後會與周邊商家展開激烈的競爭。實際上就在伊藤洋華堂準備進軍當地之際，競爭者就已展開大規模的改裝等動作。因此，為釐清加古川門市該如何規劃，才能贏得更多顧客的支持，伊藤洋華堂做了相當完整的市場調查，並將結果反映在店面規劃上。

　　首先，伊藤洋華堂根據調查結果，規劃了佔地廣大的平面停車場。以加古川門市為圓心，半徑兩公里範圍內的人口約有五萬人。就大型超市展店的立地條件來看，當地的人口密度並不算太高。因此，儘管該店位處車站正前方，但還是設定以開車光臨的顧客為主要目標客群，並規劃了 1500 個方便好停的平面停車位。既然預期顧客會開車來消費，可能前來加古川門市購物的消費者，居住範圍就會更廣。於是伊藤洋華堂計算出商圈範圍內有 6 萬 1 千戶，人口數則為 19 萬 9 千 4 百人。

　　再者，店內銷售的商品，也展現出了這家門市獨有的特色。根據統計數字顯示，在加古川門市鎖定的目標商圈範圍內，居民以 35 歲到 39 歲的人口最多，佔整體的 10.4％，其次是 10 歲到 14 歲的孩童（占比為 9.5％）。還有，調查中也發現，本區消費者所購買的肉品當中，約有 50％是牛肉，尤其又以燒烤用等低價位商品的占比最高。顧客當中可能有很多人在門市附近的工業重鎮任職，每戶平均人口數逾 3，單身家戶的比例偏低……伊藤洋華堂以這些事實為基礎，評估會來到加古川門市消費的是哪些族群，以及顧客希望店家以什麼樣的形式，呈現哪些商品。

◇因應顧客對牛肉的需求

　　以肉品區為例，在加古川門市要贏得更多顧客的支持，牛肉的價格、品質和品項齊全度，恐怕會是關鍵。然而，在伊藤洋華堂的大本營——關東地區供應牛肉的廠商，如果要提供加古川門市周邊消費者需求的那種牛肉，價格等方面都會很有難度。於是負責加古

川門市進貨業務的員工，便與總公司的採購主管多次協商，最後總算取得主管同意，改向兵庫縣在地廠商採購牛肉。

然而，肉並不是一塊塊放在賣場上，銷路就會好。要讓消費者在店頭感覺到「這家店的肉看起來既新鮮又好吃」，才會選擇到這家門市來做日常採買。於是加古川門市找來當地的消費者評測員，以未來將在加古川門市工作的計時員工，調查他們平時都是如何選購牛肉。結果發現，這裡的消費者都是從肉的形狀、色澤和擺盤，來判斷肉品新鮮或美味與否。於是加古川門市便針對肉品區的店員，加強肉品分切作業和技術方面的教育訓練，建立完整機制，讓看來令人食指大動的肉品得以在店頭陳列。

此外，門市並非每天銷售同樣的肉品就好。來到加古川門市採買的家庭主婦，家裡的先生可能在附近的工廠揮汗工作，還有好幾個正在發育、胃口正好的孩子。根據調查結果顯示，門市周邊的這些家庭，會在發薪之後，全家聚在一起吃頓豐盛大餐，所以常會購買沙朗牛肉或豬腰內肉的大包裝商品；而在發薪之前，或許是太太們特別精打細算的緣故，份量超值的五花肉會賣得特別好。肉品區會以這些資訊為基礎，依週次與平、假日，設定不同的主力商品，調整商品的陳列占比與價格，還會在店頭促銷的內容上做變化等，加入各種巧思，以期能有效刺激消費者的購買欲望。

由於開幕前的這些努力成功奏效，使得加古川門市開幕當天，吸引了五萬人上門消費。而開店第一年的營業額，也達到百億日圓的水準，遠遠超出了預期。

◇因應「白色情人節」的變化

加古川門市在開幕後，仍持續推動相關措施，以因應顧客的需求。例如三月十四日「白色情人節」的活動，加古川門市在伊藤洋華堂的全國各分店當中，表現尤其亮眼。

一般認為白色情人節的由來，是日本的全國糖餅工業同業公會[1]在一九八〇年年時，推出了一波邀請男士贈送糖果給女士，以做為情人節回禮的活動。後來糖餅公會和旗下會員每年舉辦的各種相關活動，逐漸展現成效，到了加古川門市開幕的一九八八年前後，白色情人節已成為相當普及的季節性活動，許多男士都會來到零售通路購買回禮。

一九九〇年年的白色情人節檔期，加古川門市將送禮用的食品，搬到了一樓的活動專區來陳列。沒想到商品銷路竟比預期還要更好，到了白色情人節前夕的三月十二日時，不少商品都已接連缺貨。於是加古川門市又緊急將服飾區的手帕搬到活動專區，竟創下了一天賣出兩千條的佳績。

送禮用的食品銷售一空，表示如果商品庫存充足，還能創造更多業績——從這個角度來說，的確是門市不樂見的情況。此外，店家如果把臨時上場救火的手帕，創造出意想不到的銷售佳績這件事，只當作是歪打正著的好運，對於明年白色情人節前的商品採購計畫，就不會有任何助益。加古川門市為避免日後重蹈覆轍，便由各區賣場負責人、活動企劃主管和店經理（店長）召開跨部門會議，得出「越來越多人選擇送手帕當白色情人節的禮品」這個結論。

---

1 日文名稱為「全國飴菓子工業協同組合」。

　　由於當初白色情人節是糖餅同業公會首創的活動，所以在這樣的背景之下，原本送禮的主流是糖餅點心。不過，隨著活動在社會上越來越普及，送給女性的賀禮也開始呈現出有別於以往的趨勢，不再拘泥於傳統的糖餅點心。其實在前一年的銷售數據當中，三月份的手帕銷售就已氣勢如虹，但門市員工還是懷有「白色情人節送禮都送糖餅點心」的刻板印象，因此對於「為什麼手帕現在賣得這麼好」，並沒有深入探討箇中原因。

　　儘管手帕在白色情人節檔期暢銷的原因，是在如此偶然的因緣際會下才被發現，但到了隔年，加古川門市以上述發現為基礎，有計劃地進了前一年的五倍貨量迎戰。結果，手帕竟創造出對去年同期比 644％的驚人營收，加工食品和活動專區的營業額也都有成長，帶動加古川門市在一九九一年的白色情人節檔期營收，達到對去年同期比 195％的水準。

專欄 1-1

連鎖店經營

開好幾家類似結構的門市，每家店都掛同樣招牌的零售業者，我們稱之為「連鎖店」。像超市或便利商店、服飾或餐飲等，開出好幾家門市的企業，多半都是屬於連鎖店。

連鎖店的經營，大致可分為連鎖總部的營運管理，和門市的營運管理。連鎖總部全權負責與整個連鎖品牌相關的業務，例如商品採購和宣傳活動等；各門市則負責專心銷售商品。相較於沒有連鎖、獨立經營的零售商，這樣的分工，能享受到「規模經濟」（事業規模越大，每一門市或商品的成本就越低）的效益，和分工所帶來的效率提升。而這樣的做法，就稱為「連鎖經營」（Chain Operation）

日本許多連鎖企業的經營者，舉凡伊藤洋華堂的伊藤雅俊，或是第 3 章要介紹的「大榮」創辦人中內㓛等，都是在日本的高度經濟成長期，也就是一九六〇年代前往美國考察流通管理時，接觸到連鎖經營，從中找到經營商機，才開始在日本經營連鎖店。

不過，後來有許多連鎖品牌，在追求拓展門市網絡規模和經營效率的過程中，也累積了不少獨創的巧思和機制，以便更細膩地因應日本消費者多樣的需求，而不是原封不動地移植美式連鎖經營概念。期盼各位能從本書介紹的超市通路案例當中，找到這些獨創的具體作為。

【圖 1-1　連鎖店經營】

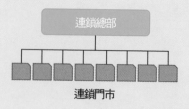

3. 伊藤洋華堂的「業革」

前面我們介紹了伊藤洋華堂加古川店開幕後幾年內所發生的大事。看起來或許只是開在地方城市的某家門市，在短短幾年內的大事記，但當中其實處處都能看到伊藤洋華堂這家零售業者超群的努力。

以展店方式為例，伊藤洋華堂是從東京的下町——千住地區發跡，後來以關東地區為基礎陸續展店，才發展成連鎖超市。當公司的服務涵蓋範圍越廣，就會衍生出各種層面的問題，例如要開發更多供應商，建置更完善的物流系統，才能將商品送到每一家門市，

【圖 1-2　伊藤洋華堂的門市數量（統計至 1988 年 2 月底）】

北海道　12

東北　9
青森 2　秋田 1
岩手 1　宮城 1
福島 4

中部　14
山梨 2　靜岡 4
長野 4　新潟 1
愛知 2　岐阜 1

關東　94
東京28 神奈川23
埼玉 17　千葉15
群馬 2　櫪木 5
茨城 4

關西 2
大阪 1　兵庫 1

資料來源：作者根據伊藤洋華堂股份有限公司（2007）《應變——挑戰「不厭其煩地創造 1920-2006」》所刊登的門市一覽表編製

還有負責總公司和各門市之間意見交流的溝通問題等。而伊藤洋華堂在這個方面，是選擇先站穩腳步，再慢慢地從關東往東北、北海道、東海地區等方向，擴大自己的服務涵蓋範圍。而往大阪府、兵庫縣等關西地區展店，對伊藤洋華堂而言更是一大挑戰。

到一個陌生地區拓點展店之際，事前的市場調查，以及根據調查結果仔細進行門市規劃、品項安排等準備工作，尤其重要。加古川門市在開幕前所做的各項努力，包括規劃佔地廣大的停車場，全力備齊牛肉品項，還有為了準備牛肉品項而與廠商建立合作關係，以及為員工進行妥善的教育訓練等，都彰顯了市調和準備工作的重要性。

而在白色情人節的手帕銷售案例當中，呈現的則是伊藤洋華堂為追求更完整的品項安排，日復一日所做的努力。伊藤洋華堂很介意將那些看來不會有人買的商品陳列在店頭，因為採購來的商品賣不掉，就是在浪費公司的資金；而賣不掉的商品擺在貨架上，等於是讓顧客真正想要的商品少了一個陳列空間。伊藤洋華堂的總部和各門市持續通力合作，站在顧客的立場，期能在必要的時機，將必要的商品和必要的數量供應給顧客。加古川門市在白色情人節的營收成長，就是這些努力的成果之一。

伊藤洋華堂的創辦人伊藤雅俊，在創業之初為了籌措資金而吃了很多苦頭。因此，即使是在其他同業積極展店之際，伊藤洋華堂仍堅持重視獲利能力和效率等「經營品質」的企業營運，而不是一味地追求壯大企業規模，成了該公司的一大特色。加古川門市在營運管理上，當然也反映了公司的這種觀念。

其中最具代表性的事件，就是伊藤洋華堂集團（現為 7&i 集團）自一九八二前所推動的一連串業務改革，該公司內部稱之為「業革」。伊藤洋華堂在一九八〇年度的財報上，認列了 229.7 億日圓的經常利益，首度超車三越百貨，成為全日本獲利最豐厚的零售業者。然而，此時伊藤洋華堂正面臨各種各樣的問題，包括因為企業規模成長，所帶來的門市營運與人才培訓方面的課題，以及日本經濟在歷經兩次石油危機之後的變化，還有政府收緊對零售業展店的法令限制等。為因應這些問題，伊藤洋華堂針對超市業務進行了大刀闊斧的改革，例如調整商品訂貨、庫存管理的概念與機制，以期在品項安排上能對顧客更有吸引力；另外也調整了總部和門市業務承辦人的職務內容等。伊藤洋華堂希望透過這些改革，更加強自身的經營品質。

更值得一提的是，伊藤洋華堂所推動這一波「業革」，迄今仍未止息。幾乎每週召開的業革會議，累計已召開超過一千次。會中仍會針對落實「個別門市因應」，也就是如何讓門市更確實對應在地消費者需求的方法；以及如何開發新商品，以打造更吸引人的品項安排；還有建制相關展店機制，以期能在非郊區的都會小型門市展店等議題，進行討論。據說伊藤洋華堂認為，「業革」是一條永無止盡的道路。

第 **1** 章

專欄 1-2

效率和因應客戶需求的態度，也運用在金融業（SEVEN銀行）

自二〇〇一年起開始營運的 SEVEN 銀行，是以設置在伊藤洋華堂門市等地點的自動櫃員機（ATM），作為接觸客戶的主要管道，並發展出一套獨特的金融服務。SEVEN 銀行提供更多的方便，讓客戶可於生活周遭隨處可見的便利商店或超市，二十四小時都能存提現金。

然而，這樣的服務機制，衍生出了許多在一般金融機構 ATM 不會出現的課題——那就是 ATM 絕對不能停機。舉例來說，SEVEN 銀行在每家門市大多只會設置一台 ATM，而門市為了安全考量，絕不會在店頭保管太多現金。因此，只要鈔券不足，ATM 即無法再提供服務。一般設置在銀行分行裡的 ATM，即使有一台故障，旁邊還會有其他機器，行員也可隨時補鈔。

SEVEN 銀行為了避免 ATM 停機，便設計了一套機制，讓總部可以小時為單位，蒐集到 ATM 的使用次數和交易內容等資訊，再根據這些資訊，調整每一台 ATM 的鈔券種類或補鈔時機——因為 ATM 的使用狀態，會依所在地點的周邊環境而大相逕庭。例如設在大學校園內的 ATM，在中午時段會被提領走許多千圓鈔券；而位在鬧區便利商店裡的 ATM，則會在夜間時段有許多萬圓鈔券的吐鈔需求。

本章我們介紹了 7&i 集團透過「業革」，日復一日所做的努力。而這種精益求精的態度，也反映在 SEVEN 銀行的經營上。例如「在必要的時機，將必要的物品確實提供給顧客」的態度；以及為了讓這個態度落實，因此特別看重自家公司與 NEC、綜合警備保障（ALSOK）等合作夥伴之間的關係；還有透過小額貸款等服務，隨時設法因應顧客的新需求等。截至二〇一一年底，SEVEN 銀行在日本全國各地所設置的 ATM 數量，已達到 16,632 台，規模成長到僅次於郵儲銀行的水準。相當於銀行營業額的「經常性收益」約為 833 億日圓，經常利益約為 295 億日圓，在金融業界也打造出了高水準的「經營品質」。

4. 在應變中精益求精的超市

「零售業是應變業」這是一路帶領 7&i 集團進行各項「業革」的鈴木敏文董事長，所提出的論述。

零售業是直接面對消費者的產業。說是「消費者」，但由於每位消費者的年齡、性別、家庭結構、職業和所得水準等條件的差異，想要的商品也會不同。同樣一位消費者，也可能因為每天的些許環境變化，而調整採買的商品內容。不同地區的超市，上門消費的客群當然會有所不同；即使在同一個地區，客群往往也會因為門市的立地條件，而大相逕庭。

零售業每天都要因應消費者的變化，以及和消費者所處環境的變化，生意才能長久持續下去。此外，同時經營多家門市的連鎖店，若只是一味追求規模經濟，而在每家門市都銷售同樣的商品，提供千篇一律的服務，很難贏得挑剔的消費者擁戴。對連鎖品牌旗下的各家門市來說，懂得站在上門消費的顧客立場來做生意，並留意日新月異的顧客需求和環境條件，至關重要。鈴木董事長所謂的「應變」，指的就是這個意思，而它也是 7&i 集團不斷努力追求的目標。

然而，這個概念並非只適用於伊藤洋華堂。日本的許多超市品牌，都在日常的商業活動中傾注全力，不斷精進自己的營運機制，讓各門市在連鎖經營的架構之下，同時也能致力於滿足來店消費的顧客需求。在本書當中，我們將零售業推動的這些努力，定義為「零售管理」，並透過介紹日本各家超市業者持續精益求精、千錘百鍊的各項措施，加深讀者對零售管理的理解——這就是我們寫作本書的目的。

　　在加古川門市的故事當中，我們介紹了伊藤洋華堂如何在陌生地區展店，如何了解上門顧客的需求，以及如何為了在店頭陳列出更吸引人的商品，而建制更完整的機制，實施教育訓練，後來也因為這些努力，賺得了相當可觀的獲利……敘述過程中並沒有使用任何零售管理的專業術語。在接下來的各章當中，我們繼續解說這些在零售管理上的各種課題。讀完全書之後，若能再回頭來重讀本章，想必各位一定可以發現「啊！原來這是為了處理那個問題所祭出的措施」，並能重新看見零售管理的全貌。

5. 結語

許多日本企業都在面對少子、高齡化日趨嚴重的社會環境，和與新興國家競爭等狀況。這些企業必須研發出前所未有的新技術，或導入有別以往的商業手法，以推動創新，打破現狀。對於眾多以日本為業務據點的零售業者而言，這個課題可說是尤其重要。

以連鎖經營（chain operation）為基礎壯大經營規模，同時又兼顧在各門市對顧客提供細膩的服務——日本的連鎖超市一直以此為目標，多年來在組織體系與銷售技術上，累積了許多創新的作為。期盼各位讀者能了解本書各章所介紹的各項努力，並透過認識它們的關鍵要點與重要性，領略「零售業」這個直接面對消費者的商業活動，肩負著什麼樣的使命與魅力。也期盼將來各位能站在零售業的最前線，扮演親手推動創新的角色。

？動動腦

1. 想一想自家住處和學校周邊，是由什麼樣消費者所構成的商圈？這些消費者具備哪些特色？
2. 請各位實際觀察自己常去購物的超市，看看店家針對哪些顧客，會採取什麼樣的方法來因應。
3. 找一家經營連鎖店的企業，想一想它用什麼具體作為，讓自己在壯大經營規模的同時，又兼顧在各門市對顧客提供細膩的服務？

主要參考文獻

國友隆一、高田敏弘《伊藤洋華堂集團：高收益業革的推進方式》耕書房，1992 年。

邊見敏江《伊藤洋華堂：強盛的原理》天下雜誌，2013 年。

森田克德《現代商業的功能與創新案例》多賀出版，2004 年。

進階閱讀

☆想更了解伊藤洋華堂創辦人的理念：

　伊藤雅俊《伊藤雅俊的經商之心》日本經濟新聞社，2003 年。

☆想更詳細認識伊藤洋華堂的「業革」：

　邊見敏江《伊藤洋華堂：強盛的原理》天下雜誌，2013 年。

☆想知道更多零售業者的創新案例：

　小川進《需求鏈經營：流通業的新商業模式》日本經濟新聞社，2000 年。

第 2 章

從獨立商店到連鎖店

第1章
第2章
第3章
第4章
第5章
第6章
第7章
第8章
第9章
第10章
第11章
第12章
第13章
第14章
第15章

1. 前言
2. 丸八超市的成長歷程
3. 成長過程中的知識、技術與機制
4. 結語

1.前言

假設我們決定今天要和朋友辦個火鍋派對,於是便出門採買食材。我們來到了一家食材品項很豐富的超市,走進賣場把海鮮、蔬菜、豆腐和烏龍麵等食材都放進購物籃裡,再到收銀區結帳後,把商品自行放進購物袋,然後提著回家。多數時候,我們往往都可以像這樣,買到下廚所需的食材。

然而,我們得以開始用這樣的模式購物、採買,其實歷史並不是太久遠。在超市出現、普及之前,人們購物的型態,和我們現在的採買模式,可說是天差地遠。

各位不妨想像一下「在商店街採買晚餐要用的食材」,應該就比較容易理解早期的購物模式——時間回到一九五○年代後期至六○年代初,也就是電影《ALWAYS幸福的三丁目》所呈現的世界。當時多數人所使用的交通工具,還是走路或騎腳踏車(距離汽車社會還很遙遠)。來到商店街之後,先去魚店瞧瞧。先考量魚蝦鮮度和手頭寬裕程度等條件,再加上和老闆溝通後,決定哪些海鮮適合當作今晚的火鍋料,並下手採買。接著來到蔬果店,這裡也要再走一次同樣的選購流程。然後如果又想起「對了,調味料好像快用完了」,那就得再走一趟賣調味料的店家了。

這樣看下來,各位應該可以了解早期社會的商品選購和結帳,和在一家超市裡一次購足的型式,有多麼天差地遠了吧?不過,這就是早期最普遍的購物型態。換句話說,我們現在習以為常、不時光顧的「超市」這種零售業,並非自古以來就存在,而是在漫長的歷史中,因為各種相關業者(零售、批發、製造商等)投入許多努

力，才造就了超市今日的樣貌。

　　在本章當中，我們要以在關西地區屢創佳績的「丸八超市」（Maruhachi）為例，來看看傳統的獨立商店（蔬果店、魚店和五金行等）在發展成超市的過程中，面臨到什麼樣的問題，業者是如何克服，並學習克服這些問題所需的知識、技術與管理機制。

第**2**章

2. 丸八超市的成長歷程

丸八超市（總公司所在地：神戶市灘區）是在大阪、神戶一帶展店的地區性連鎖店，以銷售生鮮食品為主力，兼及一般食品及日用雜貨。丸八在二〇一二年二月的營業額是 397 億日圓，合計時員工在內的員工總人數約為 2,500 人，是一家持續穩定成長的優質企業。

一九四六年在神戶創立的丸八，當年是以銷售家庭用品的獨立商店起家，直到一九五二年三月才成立公司。又於一九六七年改組為丸八股份有限公司。到了一九八八年，丸八將商品結構由日用品調整為以食品為主力，正式轉型為超市。後來，丸八的門市數量持續穩定成長，截至二〇一二年四月時，門市總數已達 20 家。

◇從家庭五金擴大銷售品項

丸八創立之初，其實是所謂的「荒物屋」（日本關西地區對「家庭五金行」的稱呼），銷售掃把畚箕、竹簍、鍋、釜等家庭用品，而且還只是一家獨立商店。

當時日本經濟已從第二次世界大戰後的蕭條中復甦，步入高度經濟成長期，因此丸八的生意相當興隆。其中又以保溫瓶和鐵板燒盤（烤肉用的鐵盤）特別暢銷，只要一上架就接連售出。在早期物資不足的環境下，要如何成功找到貨源進貨，顯得尤其重要。

不過，這樣的榮景並沒有持續太久——其實說穿了，原因在於五金行賣的鍋、釜等商品，都是一買就能用好幾年、甚至是好幾十年的品項。

專欄 2-1

獨立商店的特點

經營連鎖店和獨立商店的差異，其實不只有本章正文中所提到的「事業規模大小」和「組織體系」而已。獨立商店在經營上，具有五大特點。

第一是未切割經營與家計，也就是經營商店的資金，和家庭生活所需的開銷並沒有嚴謹的劃分。獨立商店往往無法將這些資金區分清楚，但在企業組織當中，就會有明確的區隔（若有公司資金流於私用，將是一大問題）。第二點是人力多半仰賴自家人。雖然有些店家會聘僱員工，但在獨立商店當中仍屬少數，多半還是由自家人充當店內的主要勞動力。第三個特點是經營獨立商店的獲利，往往會傾向用來讓業主的所得上升到極限。也就是說，商店的獲利究竟是要用來投資自家事業，還是納為所得，全看業主怎麼想。第四點則是工時長，假日少。一般而言，零售商店的營業時間越長，營業額就越高。因此，通常店家都會拉長營業時間，減少公休。若在大企業，員工可以輪班出勤；但在員工人數有限的獨立商店，很難排出讓大家充分休息的班表，於是便淪為工時長、沒休假的狀態。第五點是經營易受業主個性影響。一家獨立商店的經營策略，例如事業規模究竟要擴大或縮小，要多角化或專業化等，往往會依老闆個人的想法來決定。

就長期而言，具備以上五大特點的獨立商店，在日本經濟當中已漸趨式微。根據《商業統計》[2] 這份流通業最大規模的調查報告指出，一九五○年代時，獨立商店的數量，在零售商店的總數當中還佔了約七成左右，目前則只剩下約四成。

---

2 日本經濟產業省自一九五二年起所做的調查，近年為每五年執行一次，最後一次調查為二○一七年，之後因與經濟結構實態調查整併而廢止。

　　因此，丸八決定引進新的品項。當時丸八每天的來客數約為1,500人，經從「賣什麼給這些顧客，才能提升獲利」的角度評估過後，丸八決定引進的品項是休閒零食，原因有二：一是因為它們可從當時丸八的進貨管道取得，再者則是因為它們雖然和五金雜貨不同，要看保存期限，還需要了解保存方法等品管知識，但就商品知識而言，門檻並不是太高。

　　不過，休閒零食畢竟不是主力商品，丸八內部希望可以盡量不要花太多時間、心力來照顧。於是他們只用店內五分之一的空間，銷售可以均一價100日圓販賣的零食。即使只有這樣，但丸八的零食，還是賣到每天進帳五萬、十萬的水準。以當年的物價而言，是相當可觀的營收。

　　這個成功經驗，讓丸八決定再擴充銷售品項。他們下一波鎖定的品項是鮮奶。當年鮮奶的保存期限僅有三天，不像現在那麼長，因此管理上比休閒零食更費神，但丸八卻不斷地進貨來銷售。

　　當時一般店家的鮮奶，都是用「進價加兩成」左右的價格來銷售。可是，丸八卻選擇只加一成。如此一來，丸八就能賣得比其他店家更便宜，早上進貨的鮮奶，就可以在當天賣完。也就是說，丸八不是在進了一批貨之後，花三天時間賣完，而是在早上進貨之後，當天之內就賣完。儘管這樣做，平均每瓶牛奶的毛利率會變得比較微薄，但銷量越多，獲利金額就越龐大。而顧客也能隨時買到新鮮的牛奶。

　　這些商品，都是和丸八以往的主力——日用品截然不同的品項。鍋、釜之類的商品，萬一賣不掉，還可以擺在店裡好幾年。這些商品即使利潤再好，如果只是一直堆在店裡，很難期待整家店能

有多大的成長。就這樣，丸八改以進貨之後馬上就能賣掉的食品作為主力商品，希望能透過轉型來追求成長。

◇食品商行的極限

就這樣，丸八因為不斷地增加銷售品項，營業額、獲利表現均呈現穩定成長。可是，丸八又碰上了新的難題——那是他們剛開始銷售火腿、肉腸類商品之際的事。

丸八當年是向某家火腿廠商採購，據說銷路非常好。然而，一段時間之後，廠商卻不再供貨——因為當時火腿本來是只在肉店銷售的商品，而賣起了火腿的丸八，對肉店來說，就是多了一個難纏的競爭對手。火腿廠商很重視和肉店這些主力客戶之間的交情，便決定讓自家商品退出丸八這條銷售通路。

丸八只能被動接受這個結果。據說當年老闆和員工們流著淚討論了這件事的原委，思考為什麼會發展到這個地步之後，做出的結論是「因為這家店的規模太小」。他們認為，對廠商而言，銷售力強大的門市，才是有吸引力的銷售通路。而當時的丸八規模不大，在廠商眼中並不是一個有魅力的銷售據點，所以商品才會被下架撤回。

要解決這個問題，唯有壯大目前這家店的規模，還要經營多家門市，提升丸八整體的銷售量才行——這場因火腿而起的事件，讓丸八團隊更切身感受到自己的處境。

於是他們選擇走上轉型為食品超市的道路，同時還要開拓新據點，發展成連鎖店。因為丸八團隊認為，如果只是擴大現有店面的

賣場面積，畢竟住在門市周邊的人口還是有限，很難期待商品銷量
會有多大的提升。

　　就這樣，丸八決定轉型為連鎖店。不過，當時的丸八只賣過零
食、鮮奶和火腿，還不具備經營超市所需的知識和技術。為供應顧
客每天三餐所需，丸八必須銷售所謂的「生鮮三品」——魚、肉、
蔬果。而這些商品當中，都有它們獨特銷售知識與技術，必須全都
了解才行。

　　因此，丸八決定向外部學習。當時丸八除了總店之外，原本還
在兵庫縣尼崎市的立花地區，經營一家 180 坪的門市。丸八團隊決
定將這家門市的建物整棟拆除，蓋一家全新的食品超市。而門市改
建的工期長達一年，丸八團隊決定兵分多路，利用這段時間學好經
營超市的相關知識——魚類知識是派員前往位在福岡中央市場內的
魚類學院學習，肉類是在火腿製造商的工廠內進修，蔬果則是派人
到大阪的知名超市去觀摩。

　　一年後，員工紛紛回到了新落成的超市店面，在各自的專業領
域發揮所長。此後，丸八在食品超市的經營逐漸步上軌道，才發展
成了目前的丸八超市。

專欄 2-2

從個人經營到企業（雅特公司）

其實從個人經營發展成企業的案例，並不僅限於零售業。許多在日本家喻戶曉的知名企業，早期也都是個人經營的商號。

旗下經營「雅特搬家中心」的雅特公司（ART CORPORATION），就是一個例子。雅特如今以是專營搬家服務的大企業，但以往根本沒有所謂的「搬家服務」這門生意。早期的人搬家時，就是聯絡貨運業者派貨車到府，也只能請他們幫忙運送家具物品而已。雅特公司的創辦人寺田夫婦，起初經營的也是這種貨運業。當時寺田夫婦旗下就只有三輛兩噸貨車，屬於微型商號，由寺田先生和他的朋友負責當司機開車，寺田太太就在辦公室接單和管帳。

在經營貨運生意的過程中，寺田夫妻逐漸發展出了搬家服務。寺田千代乃女士用家庭主婦獨到的眼光，陸續開發出各種方便的服務。例如搬到新家之後，由工作人員負責開箱整理的「圍裙服務」；以及單身女性搬家時，只派女性員工到場服務的「淑女專案」等，都是雅特公司催生出來的服務。其他還有像是代替案主到新家周邊問候鄰居的服務，以及搬運物品進入新居時，一定換上新襪子的周到用心……雅特首創的服務，堪稱是不勝枚舉。雅特公司將各種創意想法化為商業服務，同時也開創出「搬家服務」的新商機。這些努力的結果，使得雅特成為業界龍頭；而雅特開發出的各項服務，不僅同業接連傚效，迄今也仍在持續進化。

看到這樣的案例，我們也能發現：個人經營雖然是一種屬於個人的生意，卻成了一股催生新商機的原動力。獨立商店其實像是一顆顆的蛋，有望在未來孕育出零售業的嶄新模式。

3. 成長過程中的知識、技術與機制

前面我們回顧了丸八超市的成長歷程。接下來，就讓我們一邊複習，一邊看看獨立商店在發展成連鎖店的過程中，究竟需要哪些知識、技術與機制。

◇進貨（採購）能力

以五金行起家的丸八，早期的事業成長，是因為家庭用品的銷售，推升了營業額。當年（一九四〇到一九五〇年代）是「進貨之後擺到店頭，東西就會一個個賣出去」的時代。因此，在這樣的時代要有成長，就必須具備卓越的進貨（採購）能力。說得更具體一點，關鍵就在於要有獨家的進貨管道，還要和供應商打好關係。換言之，獨立商店在推升營業額的初期階段，進貨（採購）能力是不可或缺的。

◇商品知識

下一個成長機會則是在於如何擴大店內銷售的品項。丸八選擇新增的品項是休閒零食，並以百圓均一價的方式，銷售一些不是太難管理的商品。在這個擴大銷售品項的階段，零售業者需要具備的是管理商品的相關知識。丸八原本是五金行，對家庭用品知之甚詳，但對休閒零食幾乎可說是外行。究竟是要好好研究休閒零食的銷售管理，還是只賣那些不太需要專業知識的休閒零食品項，丸八必須做出決定。而當時還在成長初期階段的丸八，選擇了後者。

◇快速出清商品的本領

在休閒零食之後，丸八引進的下一個品項是鮮奶。丸八把鮮奶的毛利率，設定得比其他零售商店更低，學會透過低價銷售的方式，用很短的循環來操作進貨和銷售，並一再重複，就可賺得龐大的獲利。因為丸八對毛利率的要求設定得比較低，所以進貨之後很快就能賣完。雖然銷售每一個商品的利潤會變少，但因為售價低，所以總銷量變多，使營業額、獲利得以提升，實現了「薄利多銷」的零售商業模式。

◇擴大事業規模

就在事業逐漸步上軌道的過程中，丸八又碰上了新的難題——零售業者的規模問題。那是一個光有採購能力、管理商品所需的知識技術，以及快速出清商品的本領，所跨越不了的高牆。這是在丸八開始銷售火腿品項之後，才浮上檯面的問題。當時火腿的主要銷售管道是肉店。對製造商而言，當時若考慮到和肉店之間的客情關係，要供應火腿給丸八，的確是有困難，才會爆發問題。

經過這件事，丸八學到的教訓是：既然要經營零售生意，就必須把規模做大才行。規模越大，能採購、銷售的品項越多。如此一來，製造商和批發商就會認定這個零售業者是重要的銷售管道，在進貨等各方面的談判上，都會變得比較有利。

◇以部門為單位進行管理

於是丸八決定正式跨足食品超市業界。在此之前，丸八只銷售過家庭用品、休閒零食、鮮奶和火腿，一旦要經營食品超市，就必須增加銷售品項，尤其是人稱「生鮮三品」的魚、肉和蔬果，更是不可或缺。然而，這些講究新鮮的商品，樣樣都有著博大精深的商品知識和管理技術，是銷售上不可或缺的關鍵。於是丸八便決定將員工分頭送到各個商品業界，花一年的時間培訓人才。五金行或零食店這種只賣單一領域商品的生意，管理的商品種類不多，只要有少數幾個人就能營運；若要像食品超市那樣，銷售多元多樣的商品，員工就必須分工，成為精通各類商品的專家。換言之，店內銷售的商品必須依品類進行分類管理。

就這樣，丸八團隊學會了經營零售業所需的商品採購能力、商品管理技術、事業擴大帶來的規模經濟，以及分類管理等各項技術。

◇經營連鎖店所需的組織建置

儘管丸八以往經營過面積廣達 180 坪的門市，但光有這一家大店，門市在物理上所需的理想大小，以及居住在門市周邊的人口數等都有限，事業規模難以大展鴻圖。丸八選擇的，是走上蘊釀多時的連鎖店經營之路。

然而，相較於獨立商店，連鎖經營的業務更為龐雜。主要包括挑選展店地點、商品採購、門市營運，還有會計和總務等攸關企業整體管理的業務。為了更有效率地推動各項業務，零售業者必須打造一個能妥善分工的組織。目前丸八整個企業組織的編制，如圖 2-1 所示。

【圖 2-1　丸八超市的組織圖】

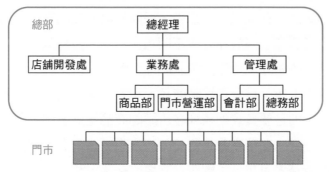

資料來源：作者編製

　　「商品採購」和「在門市銷售採購來的商品」這兩項業務如何劃分，在連鎖經營上尤為重要。以丸八為例，旗下所有門市銷售的商品，一律交由商品部負責採購，銷售則由門市營運部統籌，由旗下的各門市負責執行。如此明確劃分採購和銷售業務之後，人員就能各司其職，專心處理自己負責的業務。此外，由總部統一採購，就能放大商品採購數量，進而壓低進貨成本——因為門市數量越多，總部的交易規模就會越大，在和供應商等業者談判時就越有利。

◇人才培訓

　　不過，連鎖經營要能風生水起，並不只是打造出合宜的組織、配置人力，然後再分配工作就好。畢竟每天因為工作而忙得天昏地暗，或是工作熟練之後，實際在現場工作的人，恐怕會逐漸發揮不了自己的創意巧思。因此，丸八持續在推動各式各樣的人才培訓機制。這裡就舉兩個例子，具體介紹它們的培訓內容。

　　第一項是人員的輪調制度。其中最具代表性的，就是採購與門市店長的輪調。在丸八公司當中，採購隸屬於商品部，而店長則隸屬於門市營運部，兩者在分屬不同指揮系統。但每隔一段期間，採購和店長就會進行「角色互換」式的輪調。

　　採購的工作，是負責採購商品，和安排賣場的陳列規劃；而店長的工作，則是要負責把陳列在店頭的商品全數賣出，還要提出銷售方式的建議。在落實分工的連鎖店當中，這兩者基本上是完全不同領域的業務。可是，了解店長立場的採購，和熟知採購立場的店長，想必更能有效率地執行符合現況需求的業務，創造出更豐碩的績效成果。

　　除了採購和店長之外，門市員工負責的商品品類，也會每隔一段時間就調整。例如負責處理肉品的人員，輪調到調味品類等等。會這樣輪調，是因為員工長期經手相同品項，就會習以為常，覺得「反正就是這麼一回事」，或產生先入為主的觀念，甚至妥協馬虎等。丸八認為這種輪調，可大幅提升員工的能力。

　　另一個例子，則是針對在門市服務的計時員工所做的教育訓練。多數連鎖通路通常都會製作標準作業手冊，要求計時員工凡事照章辦理，以確保員工在每一家門市都能貫徹總部訂定的方針（標準化作業）。可是，丸八所導入的教育訓練機制，是請計時員工在休假時，當個一般顧客，到其他零售通路去購物，再把自己的感受、發現，寫成報告交給公司。這樣的做法，是在重視標準化的同時，也要計時員工學習自行思考、主動出擊。觀察其他零售通路，可以發現自家門市的不足或優點。而這樣的經驗，有助於提升計時員工的幹勁，對門市業務也能帶來正向的影響。

4. 結語

　　經營獨立商店，就是「自己進貨、自己銷售」的一門簡單生意；
而經營旗下有連鎖通路的零售企業，就需要很多複雜的營運機制。
從事零售的業者，當然要具備應有的商品知識和商品管理技術，除
此之外，連鎖總部為提升通路銷售力所執行的活動，為使個別門市
充分發揮潛力而做的人才配置與培訓，以及足以管理整個連鎖經營
的組織建置等，都是相當重要的問題。

　　本章我們綜觀了丸八超市的崛起，想必各位對於當中所呈現的
零售管理發展歷程，應該已經有了相當程度的了解。

第 2 章

❓動動腦

1. 獨立商店轉型為連鎖店,有哪些優、缺點?

2. 找一家生活周邊常見的零售或餐飲企業,例如超市通路等,先了解它的成長歷程,再想一想它在發展成連鎖經營之前,做了哪些努力,以及面對了什麼課題。別忘了考慮當年的時空背景。

3. 想一想為什麼市面上還是有一些尚未發展成連鎖的商家(例如蔬果店、魚店或菸品店等)?

主要參考文獻

石原武政《商業組織的內部編制》千倉書房,2000 年。

高嶋克義《現代商業學〔新版〕》有斐閣,2012 年。

進階閱讀

☆想更具體地學習超市經營:

　安土敏《日本超級市場原論》脈動出版,1987 年。

☆想更具體地學習為什麼社會上會有獨立商店等中小型商家:

　石井淳藏《商人家族與市場社會:另一個消費社會論》有斐閣,1996 年。

☆想更具體學習百貨公司成立的背景,用來和超市做比較:

　鹿島茂《發明百貨公司的夫婦》講談社現代新書,1991 年。

第 3 章

連鎖店存在的意義

第1章
第2章
第3章
第4章
第5章
第6章
第7章
第8章
第9章
第10章
第11章
第12章
第13章
第14章
第15章

1. 前言

商店裡總是擺滿了琳瑯滿目的商品——不過，只要是掛著同樣招牌的商店，每一家都會擺出大同小異的商品，價格也幾乎都一樣。這到底是為什麼呢？

另一頭，我們又看到在別家零售業者的門市裡，同款商品有時竟然會出現不同價格。這究竟是為什麼呢？

從前，有個很講究價格的男人，為日本的流通掀起了革命……

說到大型店，如今市面上已有超市、藥妝店、DIY 五金百貨、家電量販店、服飾專賣店、購物中心等五花八門的型態；但在二戰後，所謂的大型店，就只有少數幾家百貨公司聊備一格，除此之外，就只有開在商店街等地的許多獨立商店而已。而隨著日本經濟的成長，製造商的生產力也因而提升，開始有能力大量生產各式商品。於此同時，消費者的所得也不斷提高。他們想購買各式商品，消費意願不斷攀升。就在這種生產與消費規模都快速擴大的時代變化下，超市「大榮」（Daiei）的創辦人中內功，在連結生產與消費的流通業當中，打造了一大企業，朝「提升消費者生活品質」的目標邁進。

為什麼零售業者的一舉一動，都要「為顧客著想」呢？那是因為零售業存在的意義，就是要落實消費者主權（consumer sovereignty），也就是要落實「為市場經濟活動決定方向的終極權利，操在消費者手上，而不是生產者[3]」的思維。中內功就是為了這個理念而奮戰的一位鬥士。本章我們就要來學習他揭櫫「一切為

---

3 本段文字為日本權威辭典《廣辭苑》對「消費者主權」一詞的解釋。

顧客」（For the Customers）、「讓優質商品越來越便宜，創造更富庶的社會」等觀念，並以連鎖店經營的蓬勃發展為目標，一路奮鬥的歷程。

2. 「把店裡的燈打開！」「用最快速度開門！」

截至二〇一一年底，大榮是一家年營業額 8,495 億 8 千 7 百萬日圓，門市總數 211 家，旗下還有 5,668 位員工的綜合超市。從一九七二年到二〇〇〇年，近三十年的歲月當中，大榮一直都是日本零售業營業額最高的龍頭企業。

而大榮發展過程中的一大轉機，就是一九九五年時，發生在兵庫縣南部一帶的阪神大地震。當時，大榮的年營業額高達 2 兆 4,690 億 7 千 7 百萬日圓，在日本全國各地共有 365 家門市，員工總人數達 21,475 人。

一九九五年一月十七日，上午 5 點 46 分，日本發生了阪神大地震。許多建築物和高速公路倒塌，惡火四起，多達 6,432 人不幸喪生，災情慘重。

當天災區因為停電，避難所到了晚上便是一片漆黑，許多災民甚至從早上就沒有吃過半點東西。中內功隨即從位在東京的大榮總公司下達指令，要求「把店裡的燈打開」、「用最快速度開門」。災區其實和大榮很有淵源，當年大榮的第一家門市，就是開在神戶，而這次也有許多門市傳出災情。不過，中內功仍要求盡快恢復營業，只要是可以營業的門市，即使只有門市前面的空間可用業無妨。

　　各位是否明白中內功這個指令背後的涵義呢？在地震發生當天要求盡快恢復營業，絕不是為了趁火打劫。災區當時水、電、瓦斯等維生管線系統全都停供，晚上變得一片漆黑，天寒地凍的冬天，更是冷得讓人身心都像是要降到冰點似的。不少避難所根本沒有發配救難物資，就算有，頂多也只是一個飯糰或麵包。又冷又暗，再加上飢寒交迫，讓人感到無盡的不安。在這樣的狀態下，照常營業的店家透出幾許燈光，是民眾心中的救贖；能用平時的價格，在店裡買到當下要吃的食物，為受災民眾帶來了難以言喻的安心。

　　據說當時在災區，能在事發當天就開燈營業的商家，只有大榮超市，和當時隸屬大榮集團旗下的羅森（LAWSON）便利商店；而其他的零售商店最快也到隔天才重啟營業，甚至有些商家明明食品還有庫存，店員卻因為害怕遭竊而關門不做生意。

　　為什麼大榮的反應能如此迅速呢？這是因為大榮以往在一九九一年雲仙普賢岳火山爆發[4]、一九九三年一月釧路外海地震[6]，以及同年七月北海道西南外海地震[5]時，都曾送救災物資前往災區。公司內部已建立起不成文的默契：只要發生大型災害，高階主管等人員全都要到總公司集合會商。

　　當年阪神大地震發生在清晨，中內功在東京的家裡，看NHK新聞快報得知消息後，便立即責成副董事長——也就是他的大兒子中內潤成立救災指揮中心。那天早上八點，當災區資訊還一片混亂

---

4 雲仙普賢岳在睽違 198 年後，自 1990 年底又開始活動，並於 1991 年 6 月爆發，造成 40 人死亡，3 人失蹤，9 人受傷，以及 179 棟建築物損毀的災情。

5 釧路外海地震為芮氏地震規模 7.5 級、最大震度 6 級的大地震，造成 2 人死亡，966 人受傷。

6 震後引發火災與海嘯，並導致 202 人死亡，28 人失蹤。

之際，大榮已開始找尋直升機、渡輪和貨車等貨運方式；到了上午十一點，已派出載滿飯糰等食物的直升機飛往神戶。這些救災措施，甚至比當年內閣的應變還要迅速。

　　其實大榮也並不是在萬全的準備下展開賑災活動，加上很多門市自己就是受災戶，再這樣坐視問題發展下去的話，公司恐怕會倒閉。可是，中內功一心只想先從水深火熱中拯救災民，便帶領大榮集團展開行動。

3. 隨著經濟發展，流通現代化成了時勢所趨

為了顧客勇往直前——這不僅是在地震發生時，更是中內㓛在平時的處事之道。他從踏入商場的那天起，就為了顧客，和各種對象——包括廠商、政府、主管機關等，一路交手多年。

中內㓛發展大榮事業的過程，和當時的時代背景有著無法切割的關係。就讓我們先來看看製造商與消費者，以及零售業者大榮這三者之間的關係。

◇「低價哲學」與「自來水哲學」

二戰後，韓戰於一九五一年爆發，而日本經濟在這個契機帶動下，進入急速成長的狀態。在此之前，日本製產品的「粗製濫造」聞名全球，但在韓戰的軍事需求下，美國為日本提供了製造方面的指導，使得許多日本廠商的產品品質大幅提升，同時也培養出了大量生產的能力。

廠商有能力大量生產，但若無法流通到消費端，這些產品只會淪為滿坑滿谷的庫存。然而，當時在日本應該承擔這項流通責任的零售業，就只有少數幾家大型百貨公司，和許多小規模的微型獨立商店。

因此，家電大廠、化妝品和日用品製造商等，都鎖定以那些規模雖小，但在日本全國各地為數眾多的獨立商店，作為主要的商業夥伴。廠商透過和這些商店建立客情，讓零售商店優先銷售自家商品，以期將大量生產的優質產品，盡可能送到更多消費者的手上，讓國民生活更富庶。

專欄 3-1

流通革命

中內功的大榮，堪稱是連鎖店崛起的代表案例。這段崛起的時期，始於一九五〇年代後半，從這時起，日本的流通環境起了很大的變化，我們稱之為「流通革命」。

第一次接觸到「流通革命」的讀者，是不是會對這個詞懷有相當激進的印象呢？既然稱為「革命」，或許各位會覺得是一些突然出現的鉅變。然而，現實其實並非如此。關於這個議題，明治大學的上原征彥教授曾做過一番很貼切的說明。

即使所謂的「革命」，是從既有的體系，轉變成一個截然不同的新體系，這樣的轉變還是需要花上一定程度的時間——因為新體系在剛起步時，是要在運用既有體系的同時，一邊發展新體系。而在轉換過程中，整個體系就是要以新、舊兩個體系相互依存為基礎，持續運作下去。假以時日，新體系發展得更成熟、更縝密之後，舊體系便顯得缺乏效率，使得彼此依存的關係逐漸弱化。

在流通體系當中，所謂的舊體系，指的就是像在商店街裡的獨立商店那樣，只有單一門市，銷售特定類別的商品；而新體系則是像大榮所代表的那種品項豐富、連鎖型態的經營模式。不過，即使連鎖店接連出現，零售業者也並非一開始就已具備完整的連鎖經營機制。早期連鎖通路各門市的商品搭配和配送，仍是委託傳統的批發商安排；雙方交易的貨款結算，也依日本傳統的商務慣例辦理。

日本的超市通路，就如同我們在第二章探討過的丸八超市一樣，能發展出如今這樣成熟縝密的營運機制，需要許多努力和創意巧思的累積。而這些累積，也的確讓日本的流通環境出現了很大的變革。

其中最具代表性，就是松下電器產業（現為 Panasonic）。松下電器的創辦人松下幸之助有一套著名的「自來水哲學」，說只要製造商能以低價供應大量產品，就像水龍頭流出便宜的自來水那樣，就能讓民眾過得更幸福。

然而，看在中內功眼中，松下幸之助的做法，就是「由一小撮廠商把持整個市場」。舉例來說，據傳當年日本的日用品售價，還比美國高出三、四成。中內認為，這是因為每個零售業者的規模，和製造商的那些大企業比起來，簡直是小巫見大巫，所以產品售價只能任憑製造商決定。

如果零售業者也能努力擴大事業規模，發展到足以主導自己與大型製造商之間的交易，就能壓低商品在店頭銷售時的價格。如此一來，就有更多消費者能以便宜的價格買到這些產品，省下來的錢，可以用來購買其他產品或服務，民眾的生活水準便得以向上提升——這就是中內功所提出的「低價哲學」。他認為，要讓零售業者成長到這樣的對等地位，推動「流通」這個位居製造商與消費者之間的體系更趨現代化，連鎖經營管理絕對有其必要。

中內功創立的「主婦之店大榮」，自一九五七年在大阪市的千林商店街開始營業，一九五八年又於神戶市開設了三宮店等。到了一九六二年時，大榮已經發展到有六家門市，年營業額達到百億日圓的規模。這一年，中內功出發前往美國，進行了為期三週的考察，親眼觀察包括超市在內的流通業現況。之後，大榮便開始積極在各地展店，開設連鎖門市。

【圖 3-1　大榮與松下電器的戰爭】

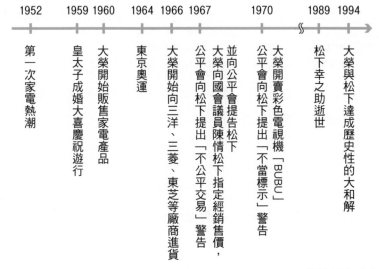

資料來源：作者編製

◇大榮和松下的價格大戰

　　大榮和松下在「想以更便宜的價格，將更多產品提供給消費者」這一點上，目標應該是一致的。然而，兩家企業卻在家電領域的銷售上，掀起了相當激烈的攻防（圖 3-1）。

　　日本約自一九五二年起，興起了第一次家電熱潮。包括黑白電視機、洗衣機、電冰箱這三項所謂的「三種神器」在內，吸塵器、電子鍋、電風扇等，各項能為生活帶來方便的家電產品，市場需求急遽攀升。到了一九五九年時，日本民眾為了爭睹皇太子殿下（也就是後來的明仁天皇）的成婚大喜慶祝遊行轉播，使得電視機的普及率一舉突破了 50%。

　　隔年，也就是自一九六〇年起，大榮開始銷售家電產品。而這些產品都如中內功的規劃，在售價設定上，平均比其他零售通路便宜 30 ～ 40%。

　　大榮當時還算是新興的零售業者，所以在家電大廠景氣一片大好之際，並沒有引起注意。然而，到了一九六四年東京奧運結束後，日本經濟急轉直下，進入嚴重不景氣的寒冬。大榮這種大打「低價牌」的攻勢，更將家電大廠的主要銷售通路——獨立經營的家電行逼得走投無路。對於產品賣不掉、發展陷入困境的家電製造商而言，已經到了無法坐視不管的地步。倘若通路繼續採取這種幾乎難保利潤的低價銷售模式，導致廠商和零售業者撐不下去，恐將無法再供應產品給消費者。

　　尤其對於總公司位在大阪的松下電器而言，若無法壓制同在大阪的大榮所祭出的低價策略，松下和有往來的零售店家之間，信任關係恐將出現裂痕。於是松下開始落實推動一項措施，那就是「未依松下指定售價販售者，將停止供貨」。

　　總是以低價銷售的大榮，當然就拿不到松下電器的商品；可是，如果店頭沒擺出家電大廠的產品，就得不到顧客的肯定。於是大榮的採購（負責進貨的業務承辦人）跑遍日本全國各地，找出願意供應松下製電視機的現金批發商，向他們採購商品。接著松下又循零件批號，找出這些批發業者，讓他們無法再交貨給大榮。而大榮也設法幫這些辛苦採購來的商品掩蓋批號，再陳列到店頭。松下為了找出不聽話的批發商，竟幫自家商品加上了要照特殊光線才能辨識、肉眼看不到的黑色編號……兩家公司之間就這樣你來我往，展開了廝殺。

到了一九七〇年，大榮推出了獨家銷售的低價電視機「BUBU」。大榮這樣的零售業者，竟跨足到原本應該屬於製造商管轄的生產層面，在當時是一大新聞。

一九七五年，松下幸之助邀請中內㓛到他位在京都的別墅「真真庵」，提出「該考慮停止霸道，走向王道了吧？」的說詞。松下幸之助這番話背後的涵義，是想表達「大榮一再衝撞松下，事業也已經發展到這樣的水準，差不多該乖乖聽話，大家和睦相處了吧？」不過，據說中內㓛當年只回了一句「是嗎？」——畢竟「低價哲學」和「自來水哲學」都是很有見地的哲學，彼此都很難退讓。

後來，大榮和松下電器的對立局面，被稱為「三十年戰爭」。松下幸之助在一九八九年辭世，五年後，也就是在一九九四年時，東京一家與松下電器有經銷往來的超市系統——忠實屋被大榮收購，大榮接續它與廠商的往來關係，使得松下電器與大榮終於和解。約莫自一九六四年東京奧運以來，松下電器拒絕出貨給大榮的政策，持續了三十年之久。

◇和政治的攻防

為追求連鎖經營的發展，也就是為了「消費者主權」的實現，中內㓛當年還必須挑戰法律與政治。

在二戰後經濟復甦的過程中，日本政府為保護競爭立場較弱勢，規模不如百貨公司等大型零售商的中小型獨立商店，制定了「百貨公司法」，規定像百貨公司這樣的大型商店，未經許可不得擅自展店。這是考量到當時多數消費者的日常採買，都還是在商店街等

專欄 3-1

為催生新商機，不惜與主管機關搏鬥（雅瑪多運輸）

「黑貓宅急便」應該是無人不知、無人不曉的品牌吧？它有「隔日送達」、「指定送達時間」服務，「滑雪宅急便」、「高爾夫宅急便」和「低溫宅急便」等，應該也有不少人用過。開發出這些服務，引領業界風潮的，就是「雅瑪多運輸」。它也和大榮一樣，一路與主管機關搏鬥，才開創出如今這些方便好用、深入你我生活的個人宅配市場。

早期說到貨運事業，就會讓人想到是以運送大量貨物的「營業用」為主流。替個人運送給個人的少量貨物宅配，「獲利效率極差，絕對賺不到錢」是當年貨運業界的常識。

正因如此，雅瑪多運輸在一九七六年時，於日本關東地區所推出的宅急便服務，可說是讓人耳目一新。它的目標客群是家庭主婦。在那個到郵局寄小包要花 4、5 天才會送到的年代，竟可做到「隔日送達」，價格還是分區均一價，是讓家庭主婦也能放心一再使用的價格。雅瑪多運輸招攬了很多獨立商店來當收件據點，建立收件網絡，讓客戶從家裡走個 100 公尺，就能找到地點交寄，甚至還開設了「一件就能到府收貨」的服務。

正當宅急便事業的發展步上軌道，準備推廣到日本全國時，擋在雅瑪多眼前的，竟是運輸省（現在的國土交通省[7]）。原來貨運業是受日本道路運送法規範的特許行業。雅瑪多要把服務推廣到全國，就必須取得相關的許可。當雅瑪多向運輸省申請九州路線和東北路線的許可展延時，竟都遭到了當地同業的反對。運輸省顧慮這些反對聲浪，拖延申請案的處理，使得東北路線從申請送件到核發許可，花了整整五年。雅瑪多當年還為此提起了行政訴訟，若非如此，恐怕還會花更多時間。九州路線也是在雅瑪多揚言不惜提起行政訴訟後，才在提出申請的 6 年後拿到許可。

一九八三年，雅瑪多為了讓宅急便成為更方便好用的服務，向運輸省提出運價調整申請後，審核也同樣是遲遲沒有進展。雅瑪多運輸還特別刊登報紙廣告，痛批運輸省的蠻橫態度，以爭取輿論的支持，後來許可在登報約一個月過後核發。

在新、舊制度對立之下所衍生的問題，政府究竟該管制，還是該鼓勵？答案應該交由消費者主權來決定。

獨立商店進行，若這些商家因為不敵大型商場的競爭而關門大吉，會影響消費者的權益。

中內㓛很擔心超市也被列入這項法令的適用對象。事實上，當時這樣的聲浪也的確甚囂塵上。全國各地飽受超市威脅的商店街同業團體，為了保障自己的權益，紛紛找上執政黨內願意代為發聲的國會議員，也就是所謂的「商工族[8]」議員，向主管機關通商產業省（簡稱通產省，即為現在的經濟產業省）施壓。

在這樣的情勢下，通產省內仍有部分官員認為，推動流通環境的現代化確有其必要。中內㓛與這些官員合作，讓政府默許「超市是類百貨公司」的解釋。他們利用百貨公司法當中，以「個別零售業者」為單位進行管制的規定，讓有好幾個樓層的大型超市，透過調整各樓層的員工制服和使用不同包裝紙等做法，在法令解讀上取巧，認定這樣就不是同一家百貨公司。

7　相當於台灣的交通部。

8　日本國會內對於工、商業議題特別關注的議員，對主管相關事務的部會（通商產業省、經濟產業省）也有一定影響力。

　　處在這樣的政治情勢之下，中內功認為超市業界需要具備更強大的發聲管道，便以連鎖店的發展與普及為目標，於一九六七年成立了日本連鎖協會，並出任首屆會長。

　　日本連鎖協會在成立之初，定位上是屬於社會團體而非社團法人。社團法人是在法律上具法人格的組織，若要推動各項業務，社團法人在操作上會比較方便。但中內功認為，成為社團法人之後，協會就會和多數同業團體一樣，難保是否能力抗來自主管機關的壓力，確保自身的獨立性，屆時將無法真正為消費者發聲。

　　一九七三年，日本國會通過了「大規模零售店舖法」（簡稱「大店法」），管制對象包括各業種大型門市的零售活動。當年中內功也曾與時任通產大臣的中曾根康弘當面交涉，只希望能盡可能降低新法對連鎖店發展造成的衝擊，可說是煞費苦心。

◇一切為顧客（For the Customers）

　　看了中內功為發展連鎖經營所做的這些奮鬥，各位學到了什麼呢？主要應該可以分為三個重點。

　　首先要向各位強調的是：他並不是只以低價銷售或擴大企業規模為目標。大榮的理念與目標，是「一切為顧客（For the Customers）」、「讓優質商品越來越便宜，創造更富庶的社會」，以及「價格決定權操在消費者手上」。這些理念與目標的背後，是期盼消費者，甚至是期盼整個社會更繁榮富庶的中內功，所懷抱的「低價哲學」。中內功不惜與包括松下電器在內的家電大廠、日用品及化妝品等製造商對抗，或是挺身面對法律與政治，都是因為他

衷心企盼能「實現消費者主權」。

　　第二個要關注的重點，是他如何落實自己的想法。中內功選擇
的方法，是透過連鎖經營的方式，壯大「大榮」這家零售業者。如
果只甘於當個中小規模的零售企業，經營上難免會受制於供應產品
的那些大型製造商；倘若自家超市能不斷成長，大幅拉高整家零售
企業的產品銷售量，對於那些有生意往來的製造商，發言也比較有
份量。於是中內功透過連鎖，推動了流通的現代化，並藉此改變社
會，確立消費者主權。

　　最後想為各位稍微介紹一下，中內功的這些想法和做法，其實
都是有理論支撐的。當時正值戰後復甦期，製造商的生產力大增，
開始有能力大量生產；而消費者的購買力上升，想追求更大量的消
費。連接生產與消費，是流通的基本功能，但流通業界卻存在許多
陳舊的傳統制度，導致「大量流通」難以實現。這樣真的好嗎？如
果流通要創新，該轉型成什麼樣貌？這些問題意識，其實不只中內
功，連東京大學的林周二（Hayashi Syuji），以及學習院大學的田
島義博（Tajima Yoshihiro）等熟悉流通領域的學者，都已經意識到
了這些問題。尤其是林周二在一九六二年出版的著作《流通革命》
（中央公論社），更成為當時的超級暢銷書。而中內功的諸多行動，
可說是這些概念在實務面上的體現。

第 3 章

4. 結語

從中內㓛挺身奮戰的那段時期起，時代就已經變了——從物資匱乏的時代，邁入物資充足的時代。時至今日，甚至已有人說是物質過剩的時代。

在物資匱乏的時代裡，製造商透過大量生產，實現了企業成長的目標；而在零售業當中，當時唯一的大型店——百貨之雄三越的營業額則是傲視全國。進入物資充足的時代，市場規模成長停滯，製造商想追求成長，就只能從其他競爭者手上搶市佔率；而零售層面則是由大量採購、大量銷售的超市君臨天下，大榮成為日本規模最大的零售企業。

當前則是物質過剩的時代。消費者的價值觀越來越多元，零售業者則想以專門性應戰——舉凡便利商店、藥妝店、家電量販店、大型服飾專賣店、DIY 五金百貨、電商網站等的出現，都是這個發展趨勢的象徵。

社會上的需求，會隨著時代演進而變化。不論是日本或海外，都面臨了少子化、高齡化、人口減少、新興國家的經濟起飛等變化。然而，面對這些變化，零售業者要懂得一如既往，在「消費者主權」的基礎上做出因應，才是關鍵。

❓動動腦

1. 你對中內功的「低價哲學」比較有共鳴，還是比較認同松下幸之助的「自來水哲學」？想一想原因是什麼。

2. 試想在當前的經濟環境下，超市要落實「讓優質商品越來越便宜，創造更富庶的社會」的理念，需推行什麼樣的活動？

3. 找一家你認為會為消費者主權而努力的零售業者，試想它的哪些活動與落實消費者主權有關？

主要參考文獻

大榮股份有限公司企業史編纂室《For the Customers：大榮集團 35 年全記錄》ATHINE 書店，1992 年。

中內功《永無止盡的流通革命》日本經濟新聞社，2000 年。

進階閱讀

☆想透過以中內功為原型人物的小說，了解他驚人的堅定信念：

城山三郎《價格破壞》角川文庫，1975 年。

☆想更了解當年贏得許多年輕族群認同的「低價哲學」：

中內功《我的低價哲學》千倉書房，2007 年。（重新出版 1969 年的作品）

☆想聽聽中內功本人，以及他周邊人士的真實描述：

中內潤、御廚貴《中內功：一生都奉獻給流通革命的男人》千倉書房，2009 年。

第4章

以顧客為出發點的
零售經營

第1章
第2章
第3章
第4章
第5章
第6章
第7章
第8章
第9章
第10章
第11章
第12章
第13章
第14章
第15章

1. 前言

喬氏超市 (Trader Joe's) 是以美國西岸為主要展店區域的食品超市，共有約 250 家門市。在美國眾多食品超市當中，喬氏超市以單位面積營業額冠軍而聞名。

走進門市，映入眼簾的陳列，讓人宛如置身南方島嶼。首先看到的是當週推薦商品的專區，陳列著大量的洋芋片、啤酒和葡萄酒等應時商品。這個通路的主要目標客群是「老師」——也就是「收入不算太高，但博學多聞，所以對商品選擇很講究」的族群。為這樣的顧客提供價格合理的優質商品，正是喬氏超市的特色。

而撐起喬氏超市商品搭配需求的，是他們自行研發的自有品牌（以下簡稱「PB」）商品。PB 佔喬氏總品項數的 80％，都是商品開發團隊走遍全球各地市場，與各國製造商談判後，開發而來的商品。

除了品項之外，喬氏超市還有一些不同於其他食品超市的特色——那就是他們的手寫標示和 POP 廣告（POP：Point of Purchase。設在貨架等地點的廣告，以便在選購時為顧客提供特定商品的資訊），還有他們的服務。喬氏超市為了向顧客介紹商品的特色，在每項商品上都設有色彩繽紛的 POP 廣告。廣告上不只有品名，還會寫上商品的特點。顧客可在查看 POP 的過程中，享受購物的樂趣，有時還可在挑選商品時，向店員確認商品特色。負責收銀的員工也會帶著笑臉，主動和顧客攀談。舉例來說，當顧客帶著選購好的商品，過收銀結帳時，收銀台的員工會說「您的眼光真好，這款商品很好吃」、「這個商品用在這道菜很對味」等。顧客當中

甚至有些人，連在店裡大排長龍時，都還要特地去排自己喜歡的收銀員那一列。

　　既然是由同一家企業所經營的連鎖店，那麼各家門市的空間規劃、陳列方式，往往大多相同。可是，喬氏超市的每家門市，空間規劃、推薦商品和標示都不同。這是各家門市的員工根據當地特性，考量顧客需求，為打造出更便於選購、更讓人想買的賣場，所投入的巧思。

　　顧客滿心雀躍地上門消費，來過下次還想再來的賣場，要由零售業者和顧客一起創造。在本章當中，我們要透過「成城石井」的案例，來學習「以顧客為出發點」的零售經營全貌，以及相關的管理措施。

第4章

2. 成城石井股份有限公司

◇概觀成城石井

　　成城石井股份有限公司於一九二七年創立，是一家從東京都世田谷區起家的食品商行，至一九七六年時轉型為超市業態（＝以銷售方式區分的零售分類），主張「以親民的價格提供日本國內外的優質食材」，奠定了目前這個營運形態的基礎。

　　成城石井於一九八八年時，選在橫濱市開出第二家門市——青葉台店。當時，成城石井已自草創初期起，深耕成城地區（世田谷區）商圈（目標客群所居住的區域）約六十年，並積極傾聽顧客意見，確立了自家的商品搭配和銷售模式。當年成城地區有電影的攝影棚，也有大學座落此地，還是許多作家、音樂人和學者居住的文教地區。住在這裡、或在這裡工作的人都會到成城石井，選購他們當年在國外生活或出差時，所品嘗過的食材。成城石井就是持續回應顧客這些需求，並從中追求成長的一家企業。用成城石井的說法，他們是「承蒙顧客栽培的商家」。

　　截至二〇一一年七月，成城石井在日本關東、中部、關西等地區，共有八十三家門市，門市面積約為 30 ～ 190 坪不等，商品則是以加工食品為主軸，銷售 4,000 ～ 14,000 種各式品項。該公司在二〇一〇年的年營業額是 460 億日圓，經常利益率（＝經常利益在營業額中的占比）為 6％，是一般零售業平均數字的兩倍以上。此外，成城石井的毛利率（營業額減去進貨成本後的金額，在營業額當中的占比）為 33％，較零售同業的平均數值高出約 7％。

【圖 4-1　成城石井的業績推移】

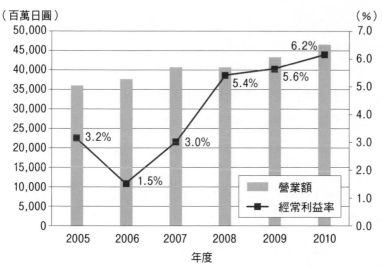

資料來源：作者依成城石井提供之數據資料編製

◇成城石井的差異化

　　一般而言，食品超市銷售的品項是以生鮮三品為主軸。可是，成城石井的加工食品（火腿、冷藏品、乾貨、甜點）和酒精飲料品項，占比卻特別突出。再者，相較於其他零售通路，成城石井的品項當中，很多都是「只有成城石井買得到」的獨家商品（成城石井把這些獨家商品稱為「PB」）。許多食品超市在加工食品方面的品項安排，都是以食品廠商研發的商品為主，而不是零售通路自行研發的 PB。成城石井的獨家商品，銷售占比已達總營收的 30％左右，相較於一般零售通路約 5％的數值，成城石井的表現顯得特別突出。

能從多樣的品項當中，選購到「成城石井獨家銷售」的商品，對顧客而言是很有吸引力的賣點。而這些獨家商品，都是成城石井自行開發海外供應商，直接採購而來，也就是公司獨家開發到的商品。成城石井自草創初期起，就從店頭聆聽顧客意見，並據此採購、開發商品，也有配套的獨家商品開發機制。

舉例來說，成城石井的原創豆腐商品，黃豆用量是普通豆腐的1.4 倍，而且選用的還是低農藥黃豆，產自伊豆大島的鹽鹵，不添加任何消泡劑。這是基於顧客希望吃得安全、安心又美味的意見，所研發出來的商品。此外，成城石井在自家工廠生產的火腿、肉腸，將添加物含量降到最低，並於德國榮獲 24 個食品加工獎項肯定，安全和美味都有保障。成城石井就這樣，靠著從認真傾聽顧客意見中培養出來的商品採購力和研發能力，在銷售品項上做出了差異化。

成城石井能在商品層面做出這樣的差異化，是因為旗下有專門負責從海外進口商品的貿易公司（東京歐洲貿易），和負責研發獨家商品的食品調理加工公司（成城石井中央廚房）的緣故。

【表 4-1　成城石井與一般食品超市的特色比較】

	成城石井	一般食品超市
PB 商品占比	PB 商品品項占比約 10%	PB 商品品項占比約 5%
品項數（商品搭配）	最高可達 14,000 個品項（4,000～14,000 個品項）	平均為 7,000 個品項
價格	以略高的價格，銷售物有所值的商品	低價取向
立地	市區車站前或站內	住宅區或住宅區轉運點

資料來源：作者編製

◇重點商品的設定

如今，其他超市通路也已逐步擴大 PB 商品的銷售（關於這個現象的詳細說明，敬請參閱本書第 9 章）。然而，並不是增加 PB 商品，就能贏得廣大顧客的支持，或賺得更可觀的利潤——萬一銷路欠佳，PB 商品將大幅衝擊企業收益。若是製造商研發的產品銷路不佳，零售通路只要停止進貨即可；可是自家企劃、研發的 PB，要自行負擔研發成本和庫存壓力。因此，萬一產品賣不出去，就會有報廢損失，若繼續陳列在架上不報廢，將影響門市對顧客的吸引力。

在食品超市業界當中，銷售排名前 10％的商品，營收占比可達總營業額的 40％。因此如何培養出營收貢獻高的商品，以及如何銷售其他商品，對提高顧客滿意度，推升企業營收與毛利的影響甚鉅。商品種類一多，選擇也會變多，能讓顧客更滿意；可是另一方面，過多的商品，又會讓顧客不知該如何選擇。商品再怎麼迷人，如果只是擺在店頭，無法讓顧客感受到它們的魅力所在，那麼顧客購買這些商品的可能性就會降低——這對顧客和對零售通路來說，都是損失。

於是，成城石井選擇依照時令，篩選適合推薦給顧客的商品。而旗下各門市都會在銷售方法上注入巧思，重點式地傳達商品的魅力。透過這些手法，讓顧客更有機會認識別致的商品，進而提升顧客的滿意度。由於每週都要挑選 128 項重點商品，因此成城石井把它們稱為「128」。重點商品會從新商品和常態商品中挑選，至於常態商品的選品標準，則是會挑「銷量多、毛利尚可」或「銷量平平，但毛利佳」的商品來推薦。目前，重點商品在成城石井的營收占比，已達到約 25％的水準。

◇「可以對話互動的超市」

　　那麼，這些重點商品的魅力，究竟要如何傳達給顧客呢？在專賣店或百貨公司裡，通常各區賣場的銷售人員都會積極與顧客攀談，以問出顧客的需求，或進行商品說明。可是，在店員必須一人多用的食品超市裡，就不太會做這樣的互動，反而是比較常在陳列方式上多用巧思，或設置引人注意的 POP 廣告，以便向顧客說明商品的特性。

　　然而，成城石井的一大特色，就是銷售許多獨家的原創商品。這些獨家商品當中，有不少品項的價格設定，甚至比製造商所研發的商品還高。因此，若無法向顧客完整傳達這些商品的賣點，顧客就很難出手買單。於是成城石井除了在商品陳列、POP 設置方面下功夫之外，也很重視門市員工是否直接在賣場與顧客對話。

　　成城石井會篩選重點商品來銷售，其實也和這項互動措施有關——因為他們要明確地讓門市員工知道，在成千上萬的銷售品項當中，近期究竟該深入了解哪些商品的特色。再者，因為每個檔期都會聚焦加強重點商品的銷售，所以在門市也比較容易催生出一些銷售手法上的創意巧思。

　　在成城石井的門市裡，不僅會就商品特色進行解說，還會介紹它的烹調方法，以及如何與其他食材搭配。如此一來，門市對顧客而言，就不再只是採購商品的地方，而是一個吸收烹飪與飲食知識的場域。推動這些措施，能避免顧客買到不合意的商品，進而提升顧客滿意度；再者，對門市員工來說，它也是一個能透過對話，掌握顧客需求變化的契機。

　　綜合以上這些因素，成城石井很積極地服務顧客，並與顧客對話。落實「可以對話互動」、「會找顧客聊天」，成就了成城石井「以顧客為出發點」的經營之道，也是它與眾不同的特色。

◇五大要件，打造「讓顧客逛得開心的賣場」

　　一般而言，不見得每個消費者都想到離家近、價格便宜的商店去買東西。價格便宜但商品擺放得雜七八糟，或商品全都是效期將屆的即期品，就不會是吸引人上門的店家。此外，品項雖然豐富，但總是找不到想要的商品，或想買的東西總是缺貨，這樣的商家也不會讓人想常常光顧。客人上門都不招呼，詢問商品事宜總得不到滿意答覆的店家，更會讓人想再上門消費的意願大打折扣。

　　零售商店並不是只把顧客想要的商品陳列出來，就能讓顧客滿意。一個「讓顧客逛得開心」的賣場，還包括了商品以外的要件，也就是必須透過綜合性的整體服務來營造。前面提過的「對話互動」，也是要件之一。

　　要打造「讓顧客逛得開心的賣場」，必須具體設定出它的樣貌、要件，並且每天提高員工的行動水準，才能做到。為此，成城石井設定了五個要件。而為了不斷精進這五大要件的執行水準，門市各區的員工，每天在發揮各種巧思。

　　首先，第一個要件是「顧客想買的，門市裡都找得到」（商品搭配）。這家門市的顧客是誰？他們想買什麼樣的商品？針對這兩個問題，門市營運團隊的答案，必須反映在賣場上才行。而要回答這些問題，營運團隊必須了解門市所在的商圈裡有哪些顧客和競爭者，還要知道自家門市該備妥哪些商品來應戰。

【照片 4-1　賣場與優位】

資料來源：作者拍攝（已取得成城石井股份有限公司許可）

　　第二個要件，是「顧客想買的，陳列都很醒目」（陳列地點、方法）。說得更具體一點，其實陳列的地點和面積，決定了商品如何呈現在顧客眼前。

　　門市想積極銷售的商品，就必須陳列在顧客容易看到、容易停下腳步的地方——成城石井把這樣的陳列位置，稱為「優位」。不過，即使是陳列在優位的商品，顧客也不見得一定會注意到。要讓顧客注意到這些商品，就必須要做大面積的陳列——成城石井把這樣的陳列方式，稱為「擴大排面」。所謂的「排面」，是指商品能被顧客看到的平面有幾個。「一個排面」就等於某項商品目前的陳列狀態，有一面朝向顧客。排面越多，表示商品朝外的面越多，顧客發現這項商品的機率也會隨之提升。在容易映入顧客眼簾的「優位」，做「排面」數量多的陳列，就能加深商品留給顧客的印象，撩撥顧客的購買意願。

【照片 4-2　成城石井的各式 POP】

資料來源：作者拍攝（已取得成城石井股份有限公司許可）

第4章

　　第三個要件，是「顧客想買的，都備有存貨」。陳列在優位的商品，都是門市特別推薦的品項。因此，除了要做出醒目的陳列之外，同時還要確保存貨數量充足，以便讓顧客放心選購。

　　第四個要件，是透過與顧客的對話發動攻勢。有了醒目的陳列之後，再加上設在個別商品旁的 POP，以及門市員工的服務，就能更有效地提供商品資訊給消費者。有些商品光是陳列出來，顧客恐怕不會察覺它的存在，或是會猶豫該不該買。透過 POP 或人員服務等方式與顧客對話，有助於提升顧客的消費滿意度。

　　第五個要件是清掃（cleanliness）與充滿活力的問候。清掃和問候，可為賣場營造良好的氣氛。顧客上門消費時，若能感受到店內乾淨整潔，接觸到的店員也都充滿活力，就會對店家留下好印象，更能在舒適的氣氛中購物；反之，如果店家販售多項優質商品，清潔、整理卻很草率，或是店員態度冷淡，顧客就會很難找到想要的商品，以致於購物意願大打折扣。

◇重點指標設定與賣場執行力

一般而言，不管在什麼樣的企業，都會以年、半年、季和月等為單位，揭示未來的策略方針，也就是這段期間的業務執行重點。這些方針需要全體員工落實執行，才能創造績效。績效好壞會依方針內容和執行水準而定，而方針則是要明確釐清該執行與不該執行的事項，讓全體員工的行為聚焦且一貫。然而，有些企業所提出的方針不夠具體，讓員工陷入不知該如何執行的窘境；或是員工對方針內容各有不同解讀，使得眾人的行動難以聚焦、一貫。

為避免這樣的問題發生，成城石井運用巧思，讓方針與員工行為得以連動，進而讓整個企業組織能創造出績效。成城石井把這一套機制稱為「重點指標」。

成城石井內部隨時都設有約十項的重點指標，並且定期以數值來量測這些指標的執行成效，更在總部的輔導下，視結果進行必要的改善。這一套機制，是連結總公司策略方針與每位門市員工行動的工具，也是透過數字來掌握方針執行進度的機制。成城石井設計的制度，是只要能提高這些重點指標的數值，就能推升顧客滿意度和業績。換言之，他們並沒有把業績數字直接拿來當作目標，而是找出有助於改善業績或經營課題的具體業務項目，以這些項目為目標，並以數值量測出執行進度。

全公司決定的事項，由門市賣場負責執行，落實做好每件該做的事。為提升門市的執行水準，成城石井會建置教育訓練機制，讓員工能更有效率地學習商品知識；或規劃輔導系統，協助門市賣場推動業務改善——成城石井在這些改善事項上，執行度相當高。

【表 4-1　成城石井與一般食品超市的特色比較】

問候執行率
缺貨發生率
清掃執行率
顧客讚許發生率
客訴發生率
主推商品（重點商品）的銷售狀況
新開發商品（重點商品）的銷售狀況
原創商品（重點商品）的銷售狀況

資料來源：作者編製

第**4**章

　　因此，成城石井的顧客，不會單純因為價格便宜而買東西，而是因為「想要這項商品，所以才下手買」。成城石井的各項機制和活動，培養出了一群「就想在成城石井買東西」的顧客。

專欄 4-1

以顧客為出發點的經營（麗思卡爾頓飯店）

麗思卡爾頓飯店公司（The Ritz-Carlton，以下簡稱麗思卡爾頓）旗下的飯店，擁有世界頂尖水準的顧客滿意度，並曾連續兩年（1992、1993 年）榮獲美國國家品質獎（Malcolm Baldrige National Quality Award）。這個獎項由美國商務部主辦，用來肯定那些創造出絕佳顧客滿意度的經營管理機制。超乎期待，為顧客帶來驚喜、感動的「麗思卡爾頓之秘」（The Ritz-Carlton Mystique），天天都在這個飯店系統裡上演。

光憑員工個人的細膩巧思和能力，無法持續且穩定地落實「麗思卡爾頓之秘」。所謂「驚喜、感動」的體驗，需要見微知著、洞悉需求，而不是做那些顧客交辦的事。因此在這個品牌的飯店裡，會落實要求員工「不是去想，而是去感覺」。

為此，麗思卡爾頓不是要求員工各自努力，而是動用整個企業之力，來打造出輔導的機制。例如「WAO（哇）故事」這一套制度，是用來和全世界分享麗思卡爾頓員工讓顧客開心的小故事；「頭等艙卡」（first class card）則是將顧客、同事之間的感謝小語，在公司內部分享的機制。

麗思卡爾頓告訴員工：「服務是一門科學，感動不能只仰賴偶然或個人的能力」。因此，麗思卡爾頓運用多項制度，以便在服務上精益求精。例如 SQI（服務品質指標，service quality indicator）機制，就是把員工在日常業務中所發生的疏失或問題化為數據，分析箇中原因，以便進行業務改善。

此外，麗思卡爾頓在迎接旅客時，共通的關鍵句是「Let's have fun」。這句話代表的涵義，是希望員工在讓旅客開心滿意的同時，也要樂在工作之中。在能激發個人感受力與能力，並能團隊合作、資訊共享的機制下，員工個個樂在工作的心態，為麗思卡爾頓創造出了一流的顧客滿意度。

3. 以顧客為出發點的經營

◇培養「忠實顧客」的管理手法

　　這裡我們來整理一下，成城石井為了實現「以顧客為出發點的經營」，究竟用了哪些管理手法。

　　顧客在變，門市賣場也要跟著改變，否則很難營造出吸引顧客上門的賣場。而最能搶先掌握顧客變化的地方，就是賣場。因此，零售通路必須順應顧客的變化，日日推動相關措施，以打造充滿魅力的賣場。所謂「以顧客為出發點的經營」，就是要讓「賣場」這個促成顧客與商品相遇的地方，隨時都保持在「吸引顧客」的狀態。

　　零售通路的營收，泰半都是來自那些認為「我就喜歡這家店」的固定客群。換句話說，零售通路要提升營業額，其實就是要增加固定客群，培養忠實顧客。

　　要培養忠實顧客，就要每天都在賣場上，落實那些能讓顧客開心滿意的措施。而要做到這一點，就必須掌握顧客當前的需求，並且把它們反映在商品研發、採購和銷售方式上。能掌握顧客當前需求的地方，其實就是賣場。再者，除了要在門市賣場掌握顧客行為和需求之外，還要把那些反映了顧客需求的商品特色，親切和藹地告知顧客。有組織地推動上述措施，落實執行內部決策，有助於零售通路實現顧客導向的經營。

◇提高執行水準

零售企業內部決定的政策，要在門市賣場確實執行。而在提升執行水準之際，成城石井對於在賣場上有沒有做到「（對顧客而言的）悅耳的問候」，尤其重視。「問候」人人都會，但「悅耳的問候」，必須要每一位員工懷抱「希望顧客開心」的心情，才能做到，不是只要嗓門大，或是照著標準作業規範鞠躬就好。只要用心留意每一位顧客，員工問候招呼的方式，應該也會隨著不同的對象而改變。全體員工要意識到每一位顧客的存在，並且願意用心理解，才能創造「以顧客為出發點」的環境。

全體員工日復一日，同樣地落實高水準的「悅耳問候」，就能讓眾人把該做的確實做好。全公司上下都能把該做的事做好，那麼公司的所有決策，就都能在賣場確實執行，進而帶來顧客滿意、業績成長的結果。這些在在反映出了企業的管理能力高下，也拉開了零售業者和其他競爭者之間的差距。

◇員工的成長

悅耳的問候，有助於開啟員工和顧客之間的對話，讓員工在傳達商品優點的同時，掌握顧客的變化。然而，並不是每位員工都能馬上學會這些技巧。因此，員工還是必須不斷追求成長。而這些成長，最終將推升全體員工的業務執行水準。員工要有所成長，需要透過累積商品及賣場營運的相關知識、嘗試自行思考後行動所得到的經驗、員工彼此之間的溝通，以及對員工行動給的評價來推動。而這些因素，都不能只任由員工各自努力。企業要以有組織的教育訓練、評價考核、指導等機制來從旁協助，才能促進員工的成長。

4. 結語

　　要實現顧客導向的經營，到底需要滿足哪些要件？謹在此為各位做個整理。賣場是賣出商品的地方，也是一座舞台，呈現出顧客拿起商品的情景和表情。換句言之，所有現象都出現在賣場裡。下一波該主推哪些商品、如何陳列，答案也都藏在顧客的表情和行動裡。

　　零售業的營收，並不是來自總公司或營運總部。營收是從門市裡的賣場上賺來的。顧客來到門市，在舒適的環境中，找到充滿魅力的商品，興起了購買的欲望……商品因為這樣而獲得顧客青睞購買，零售業才得以賺到營收。接著，能讓顧客在買下商品使用過後，萌生「還想再買」的念頭，就有機會為自家門市培養忠實顧客（固定客群）。顧客和商品會在什麼氣氛下，出現什麼樣的邂逅場景，都需要經過設計。顧客對這些過程中的每一個環節，都在打分數。

　　採購商品、擺上貨架的行為，還稱不上是「以顧客為出發點」。零售業者必須在「賣場」這個促成商品與顧客相遇的平台，營造出能讓顧客開心購物的狀態。因此，員工在第一線接觸這些日日變化的顧客之際，要隨時以每一位顧客為念，去感受顧客所透露的變化，並迅速地採取因應措施。零售業者要培養這樣的員工，並建立配套的輔導機制，讓員工願意為了達成企業組織的目標，而持續貫徹行動。如此一來，就能為零售通路創造更高的顧客滿意度。

專欄 4-2

秘密客調查與顧客滿意度量測

要有顧客滿意度，必須仰賴員工在賣場上提供優質服務，光是提醒或空有計劃是不夠的。因此，零售業者需具備以下四項工具：第一是要釐清哪些行為有助於提升顧客滿意度；第二是將這些行為的程度優劣化為數值，以便量測；第三是需要量測這些行為的程度優劣；最後是要結合門市與總部，也就是傾全公司之力共同改善，以提升這些行為的執行水準。

一個好的賣場，要以極佳的狀態，有效爭取目標客群的顧客滿意度。若零售通路無法呈現這種極佳狀態，就無法持續讓顧客滿意。量測顧客的滿意程度，可幫助零售通路掌握門市現況，並給予評價。不過，員工彼此之間，很難隨時都用顧客的觀點來嚴格把關。因此，很多零售和餐飲業者都會委外進行秘密客調查。所謂的秘密客調查，是由外部業者派出受過專業訓練的員工（巡訪員），以顧客身分定期造訪各家門市。調查員必須在不被門市員工察覺的情況下，針對可能影響顧客滿意度的各個預設項目進行調查。企業常用這種手法，來檢視門市員工的「日常行為」。

秘密客調查的結果，會以比較不同時間序列，或與其他門市比較的方式，回饋給各門市。各門市會以店長為主軸，持續針對結果進行改善，再從中確認改善成果，並重複這樣的循環。零售業者透過這種以顧客觀點進行的外部考核，與持續改善業務的內部活動分進合擊，讓「以顧客為出發點的賣場」得以實現。

❓動動腦

1. 具體列舉出一些讓你「還想再去」、「還想再買」的賣場，想一想原因是什麼？
2. 調查賣場上的 POP 有哪些描述，想一想這些描述想傳達什麼？
3. 試想有服務和沒服務的商家，在顧客滿意度上會有什麼差異？

第 4 章

主要參考文獻

大久保恒夫《只要五個方法，獲利就能三級跳》商業社，2007 年。

大久保恒夫《別以為便宜就能暢銷！：零售業重建專家這樣打造賺錢品牌》聯經出版，2012 年。

高野登《超越服務的瞬間（實例、實務篇）》神吉出版，2007 年。

進階閱讀

☆想學習日式零售經營的思維：

　　伊藤雅俊《用平假名思考經商之道》（上、下）日經 BP 社，2005 年。

☆想學習因應變化的概念：

　　鈴木敏文《商業裡的創新》講談社，2003 年。

☆想了解成城石井業務革新的全貌：

　　大久保恒夫《打造執行力 100% 的公司》日本經濟新聞出版社，2010 年。

第 II 篇

用對管理工具，
打造魅力門市

第 5 章

商品搭配管理

第 1 章

第 2 章

第 3 章

第 4 章

第 5 章

第 6 章

第 7 章

第 8 章

第 9 章

第 10 章

第 11 章

第 12 章

第 13 章

第 14 章

第 15 章

1. 前言

　　i Phone 的應用程式，好幾款都是下載過後還沒熟悉該怎麼用，就先打入了冷宮；電腦裡的檔案，好多都已經不記得儲存在哪一槽；電子郵件的收件匣，分類總是亂七八糟；房間和包包裡永遠收拾不好，不擅整理桌面，衣櫃裡還有幾件買來就忘記的衣服……這些毛病，想必各位讀者都有一、兩項，甚至可能有人全都中獎。東西一多起來，要整理分類，或者要區分哪些要留、哪些要丟，就會變得很困難。

　　請各位回想一下自己到超市去購物的情景：當你找不到想買的東西放在哪一區時，會有什麼感受？各位是不是會頓失購買意願，或是對店家的不滿瞬間升高？明明我們連整理自己生活周遭的物品，或區分東西要不要留都做不好……截至目前為止，各位可曾想過，超市裡總會擺放著你想要的商品，或走到賣場就能找到要買的東西，是多麼了不起的事？

　　店頭究竟該賣哪些商品，也就是該商品搭配（merchandise assortment）該如何安排，是零售商店最重要的業務之一。在本章當中，我們就要來探討商品搭配的問題。再怎麼不擅收拾的人，都能順利地購物採買；而店頭總會陳列出除了你之外，其他成千上萬顧客想買的商品。讓我們一起來看看，這些你我習以為常的事情背後，藏著超市的多少努力與付出。

2. UNY的改善活動

◇推行改善活動的背景

　　在日本的的超市當中，有些業者的勢力版圖遍佈全國，也有些業者只集中在特定區域展店。例如在本書各章所介紹的案例當中，有些業者就像永旺或伊藤洋華堂這樣，不管各位住在哪個縣市，應該都聽過；也有些超市在沒有展店的地方，知名度就偏低。

　　而本章要介紹的「UNY」，在日本全國共有 227 家門市（統計至 2011 年 10 月 21 日），員工總數多達 32,212 人（實際員工人數，不含計時人員，統計至 2012 年 2 月 20 日），在超市業界當中，營業額是僅次於永旺和伊藤洋華堂的全國第三名。然而，由於它的門市有七成左右都集中在東海地區[9]，因此在日本全國的知名度並不算太高。在關西地區以西，或關東地區以東等地，UNY 經營的超市品牌「APITA」或「PIAGO」，想必知名度還遠不如集團旗下另一家企業的便利商店品牌「Circle K Sunkus」。

　　由於 UNY 的展店策略是以東海地區為主軸，因此和在地職棒球隊——中日龍隊的聯名企劃活動特別多。例如以往就曾推出過「中日龍球季開幕衝刺加油折扣」，和「中日龍封王倒數折扣」等活動。尤其在球季中每月第一個星期日推出的「中日龍早市」活動，還會播放電視廣告，起用在東海地區很受歡迎的吉祥物「多阿拉」（DOARA）[10] 代言，UNY 在地色彩鮮明的程度，可見一斑（請參考照片 5-1）。

9　日本的愛知、岐阜、靜岡和三重縣。
10 中日龍隊的吉祥物。

【照片 5-1 「中日龍早市」的傳單】

資料來源：UNY 股份有限公司提供（2017 年）

　　UNY 過去十三年的營業額（營收）和經常利益推移，如圖 5-1 所示。從圖中可知，自二〇〇五年左右（第 35 期）起，UNY 的營業額就開始緩步衰退，很難再靠提高營收來確保獲利水準。於是，為了打造一個能穩定獲利的公司體質，UNY 於二〇〇五年三月，決定導入當時已在豐田推行，且備受各界矚目的高效經營管理手法——改善（Kaizen）活動。這裡所謂的改善活動，是指要排除在經營超市時所產生的各種浪費。UNY 在導入改善活動之際，在豐田集團的核心企業——豐田自動織機的協助下，成立了專案小組，以 APITA 東海通店的食品區為對象，進行了一連串的實驗。一年後，這家示範店的獲利，較前一年度成長了將近一倍。

【圖 5-1　UNY 的業績推移】

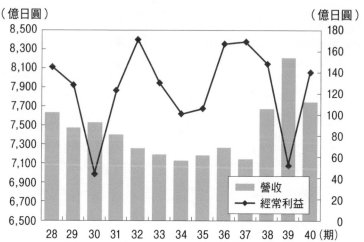

備註：自第 38 期起與 U-STORE 整併
資料來源：作者依 UNY 資料編製

◇預防缺貨、售罄的2S活動

　　一開始，APITA 東海通店推行的是一項名為「2S」的運動。所謂的 2S，就是「整理、整頓」的簡稱。在高中的教室或工地等處，也常貼著寫有「整理、整頓」的標語。而在改善活動當中，整理是指「將物品區分為需要和不需要，再將不需要的物品丟棄」，整頓則是「能在必要時立刻拿出需要的物品」的意思。

　　若把這個概念套用到超市的商品搭配上，那麼「整理」就是要區分出顧客想買的和不想買的商品，再把不太有人想買的商品下架。畢竟店頭商品擺放得再多，如果沒有顧客想買的商品，那就沒有意義了。因此，此舉是要實際區分出暢銷與滯銷的商品，避免銷路不佳的商品佔去貨架上大部分的位置。只要能讓店頭擺放的滯銷

品減量，就能騰出更多空間，來擺放顧客想要的商品。

　　而所謂的「整頓」，則是要能立刻掌握顧客要的商品擺放在賣場的哪一區。好不容易備妥了上門顧客想要的商品，如果顧客沒機會拿到，也是枉然。因此，這家門市讓顧客更容易找到想要的商品，把購物變得更方便簡單。

　　為推動上述的 2S 活動，UNY 先把店頭沒有陳列的商品，區分成「缺貨」和「售罄」來思考。這裡所謂的缺貨，是指開門營業時，貨架上就沒有貨；而售罄則是在下午四點時架上沒有商品的狀態。UNY 透過這樣的方式，來掌握店頭是否陳列出顧客想要的商品——也就是門市目前必要的商品。一方面也藉此調查有多少商品出現缺貨或售罄狀況，並加以統計後，設法讓顧客想要的商品絕不短缺。

◇補貨點管理與降低庫存

　　既然要避免缺貨、售罄，下單多叫一些貨當庫存就行了吧？可是這樣一來，會讓店頭和後場（於第 7 章詳述）塞滿賣不掉的商品。要是門市堆了滿坑滿谷的滯銷品，那麼就算想在店頭陳列暢銷商品，也很難確認哪些商品放在哪裡、數量多少。

　　於是 UNY 推動了「補貨點管理」的機制。這一套工具，是先設定每項商品的「安全庫存量」，也就是店頭要陳列出來的最低保障數量，當庫存低於這個存量時，系統就自動下單叫貨。假設某一款便當在店頭要擺出 10 個，而它的安全庫存量是 5 個。賣出 3 個就叫貨，會徒增滯銷庫存；賣掉 8 個才叫貨，可能會導致商品售罄。因此，UNY 根據以往的銷售數據，訂定出安全庫存量，讓商品的品

項搭配能依實際銷售狀況來進行管理，而不是只憑該區負責人員的
經驗或直覺來下單叫貨。

◇商品搭配的難處

其實 UNY 所導入的改善活動，並不只有 2S。不過，就本章所
探討的商品搭配而言，光是能否落實做好 2S，就是一件讓人吃足苦
頭的大工程——因為 UNY 光是食品類就有約 15,000 個品項，推動
2S，意味著必須掌握這麼多商品的銷路。

尤其食品類不僅要依季節時令，銷售不同商品，即使是在同一
個季節，銷售的商品也會因地區而有不同。例如以調味料而言，在
東海地區一定要銷售一引（Ichibiki）公司的醬油、香味（Komi）
公司的醬料、玉廼井醋公司（Tamanoi Vinegar）的醋，以及中茂
（Nakamo）公司的「可沾可淋味噌醬」等商品。儘管這些品項在日
本國內的知名度並不高，卻是在地人生活不可或缺的固定班底。為
因應這種在地需求，UNY 除了有負責決定全門市上架商品的食品本
部之外，另設有地區採購，負責挑選在地製造商所生產的商品，讓
旗下各門市不只有統一採購的商品，還能在貨架上擺出符合在地需
求的品項。為避免發生缺貨、售罄等問題，這些由採購找來的商品，
也全都列入 2S 管理，但迄今仍未臻完善。

因此，在下一節當中，我們要來看看在超市經營上，「區分需
要和不需要的商品，讓店頭只陳列出顧客需要的商品」，以及「讓
顧客能立刻找到想要的商品」究竟有多困難，藉以詳細說明企業在
商品搭配管理上所做的努力。

第 5 章

3. 商品搭配管理

請各位試著想像一下自己或家人，到超市去採購晚餐食材的情景。假設今晚要吃的是咖哩，如果各位去採買的那家商店，並非紅蘿蔔、馬鈴薯、洋蔥、牛肉和咖哩塊一應俱全，或讓人找不到這些商品究竟放在哪一區，是否會讓你頓失消費欲望，或對商家的不滿瞬間升高呢？反之，當我們走進店裡時，雖然沒有預設想法，但看到熟食區擺滿了看來令人垂涎的炸豬排，有時就會讓人心生「今晚就來吃個炸豬排吧」的念頭。又或者是麵包區的法國麵包陳列得很引人矚目，我們就會覺得「麵包配咖哩好像也很搭」，接著便把麵包放進購物籃，多買了一些原先不在預期之內的商品……各位應該也曾有過這樣的經驗吧？

我們的這些購物經驗，意味著一家商店只要商品搭配得宜，就有機會讓上門的顧客買下更多商品。換句話說，只要確實備妥顧客想要的商品，銷售活動就會變得更有效率。因此，管理貨架上陳列的商品搭配，在商化活動當中佔有舉足輕重的地位（請參閱專欄5-1）。

然而，這件事做起來並沒有那麼簡單。畢竟門市的空間有限，不可能無限制地擺放各種商品，而零售業者更不可能在事前就完整掌握上門顧客的需求。因此，在進行商品搭配時，業者必須跨越各種取捨（做了一個選擇之後，就必須犧牲其他選項的狀態）的難關。接著，就要來為各位依序說明商品搭配管理的內容。

專欄 5-1

商化活動

　　零售業者必須思考該怎麼做，才能讓顧客買下更多商品，或該如何吸引更多消費者上門，讓他們獲得滿意的購物體驗。這時扮演關鍵角色的，就是「商化活動」（merchandising，簡稱 MD）。所謂的 MD，是指為了將商品送到消費者手上，而決定從什麼地方，採購什麼商品、多少數量，如何陳列，以及怎麼向消費者訴求，售價多少，並實際執行的行為。少了 MD，超市就無法有效率且有效地把商品銷售出去了。

　　進行 MD 時，首先要思考的是「設定自家商店的主要顧客」。我們把這個動作稱為「客群設定」。為什麼客群設定會這麼重要呢？倘若我們不知道銷售的對象是誰，就會遲遲無法把顧客想要的商品賣給他們。超市在設定客群時，懂得設定合理的商圈範圍，並將居住在商圈內的人口依年齡、所得水準、家庭結構、生活型態與偏好等項目來分類，整理出具有相同特質的消費者，尤其重要。

　　設定目標客群，再依客群特性陳列商品，刺激目標客群購買——若能做到這一點，銷售就會更有效率。此時商品在店頭的呈現方式、依來客動線配置商品陳列，以及在店頭所做的銷售活動等，都是在店內所操作的 MD，稱之為店頭商化（ISM）。有時我們會把它從整個 MD 的範疇中區隔出來，另作思考。各位可能也曾經因為注意到店頭的 POP，而買下某些商品，或是因為陳列別出心裁，而愛上店裡的某項商品。有效操作 MD 和 ISM，能增加消費者的購買品項數，也有助於提高顧客對商家的忠誠度（對特定商家的喜好或支持）。

第5章

◇商品搭配的「廣度」與「深度」

　　所謂的「商品搭配」，就是在店頭銷售各式各樣的商品。而要「賣什麼」，無疑就是商品搭配的問題。在商品搭配的管理上，首先必須要考量的，就是商品搭配的「廣度」與「深度」該如何拿捏。

　　這裡所謂「商品搭配的廣度」，指的就是如何多樣地銷售不同種類的商品。舉例來說，一家零售商店如果陳列出多種品類的商品，有生鮮三品，又有熟食、麵包，那麼這就是一個很廣泛的商品搭配。而商品搭配的深度，則是指商家在同一品類當中，是否銷售多種不同顏色、尺寸和品牌的商品。例如光看超市裡的麵包區時，如果陳列著很多種類的麵包，那就代表麵包的商品搭配很有深度。

　　各位應該不難想像，這些商品搭配的廣度和深度，和業者的取捨息息相關。換言之，就算超市的賣場比獨立商店或便利商店寬敞，空間畢竟還是有限，所以能銷售的商品數量也有限。因此，零售業者若想加強商品搭配的廣度，就必須降低每項商品的深度；反之，若想針對特定品類的商品強化深度，那麼能在店頭擺放出來的商品種類就會受限。由此可知，在門市規模的限制下，零售商店銷售的品項和種類等決策，是攸關顧客滿意度，甚至是直接影響門市營收和獲利的重要問題。

　　請各位回想一下自己生活周遭的超市。或許各位不見得清楚記得店裡有哪些商品，但一定會期待超市裡該有的，例如雞蛋、牛奶、生魚片和麵包等商品出現在店裡。至於會不會有最頂級的松阪牛，我想應該沒幾個消費者會懷抱這樣的期待去逛超市。又或者是如果各位對麵包有一些特定的講究，而今天購物的這家超市沒有販售該種麵包，想必各位應該不至於對店家心生不滿、怒不可遏，但要是

店裡有，未來選擇到這家超市購物的機率，應該就會提高。

如上所述，儘管消費者的想法有些個別差異，但零售業者必須供應大多數消費者心目中期待「超市裡該有的」商品，還要推出一些其他業者所沒有的品項，追求差異化，讓那些去其他商家購物的消費者轉往自家門市。因此，在管理商品搭配之際，如何在廣度和深度上取得平衡，便成了相當重要的決策。而這一條平衡的界線，當然不是做一次決定就好，要依商品銷路好壞調整，還要依季節時令或促銷等活動內容，逐一更動。零售商其實很難在每次安排商品搭配時，都仔細考慮清楚廣度和深度的平衡。

◇商品搭配上的「耗損」問題

在管理商品搭配之際，要考慮的第二個取捨條件，就是耗損的問題。

想必各位在超市購買牛奶時，應該都曾伸手去拿過放在貨架最深處的商品——因為消費者在心態上，通常都會想盡可能買到效期最久的商品，所以才會做出這樣的舉動。可是，站在超市的立場來看，如果顧客先買走離效期尚遠的商品，效期較近的商品就會留在架上，於是業者就必須在商品效期將屆時，設法祭出折扣出清。如果這樣都還賣不掉，商品就只能走上報廢一途。

和商品銷售一空時的營收相比，降價所產生的營收短少差額，我們稱之為「降價損失」；萬一商品過期，必須報廢，它的損失就稱為「報廢損失」，有時會將這兩者合稱為「耗損」。零售業者一旦發生耗損，就會衝擊獲利，因此在安排商品搭配時，避免耗損是

很重要的考量。

前面提到商品搭配的廣度和深度，牽涉到取捨。而取捨的問題，會反映在門市或特定商品專區所陳列的商品種類上。而現在這個牛奶的例子，則是「同一款商品的陳列數量」問題。然而，耗損的問題千絲萬縷，不是用「減少進貨量」來避免降價和報廢損失就好。因為進貨量太少，會導致商品售罄，讓專程上門來買的顧客買不到。而這種錯失銷售機會的情況，稱為「機會損失」。反之，大量陳列同一款商品，或許的確能預防商品售罄、避免機會損失，卻要面對降價損失或報廢損失的風險。

這種取捨的現象，在特賣商品上尤其顯著。所謂的特賣商品，就是大幅調降售價，以期發揮強大聚客力的商品。特賣商品在超市攬客上，一直扮演相當重要的角色。只要在傳單上大肆宣傳這些特賣商品的破盤低價，有時甚至就可以讓來客數增加好幾成。另一方面，門市裡還有一些商品，雖然不以價格吸引顧客目光，卻可望穩定貢獻營收，我們稱之為「基本商品」。基本商品雖然沒有打折降價，但人人都預期它們應該會出現在貨架上，所以是店頭不可或缺的商品。

零售業者若想多招攬一些顧客上門，固然可以多推出一些特賣商品，但因為它們的售價與平時不同，所以很難預估會賣出多少量。為了招攬客人而降價銷售的商品，本來利潤就已經很微薄，大量進貨還可能導致降價損失或報廢損失。

◇以單品管理來管理商品搭配

訂貨、庫存和陳列時的最小單位，也就是顧客實際購買商品的單位，我們稱之為「庫存單位」（stock keeping unit，簡稱SKU）。以 SKU 為單位，來掌握商品的銷量，以期能在降低庫存的同時，仍能讓顧客想要的商品維持在恰到好處的數量，就是所謂的「單品管理」。

假設貨架上陳列了五個不同品牌的商品，五個品牌各有兩款不同規格、容量的價格，這樣就會有十個品項。這十個品項如果都各陳列出三個商品，那麼 SKU 數就會達到三十個。前面提過商品搭配的廣度和深度，其實就是如何安排品牌數和品項數的問題。如果要消除耗損，就必須以 SKU 為單位來管理——因為以 SKU 為單位的管理，才能實際掌握消費者買走哪些商品，不做這樣的管理，無法決定貨架上究竟要陳列多少商品。而以 SKU 為單位的管理，就是所謂的單品管理。

執行單品管理，是要以 SKU 為單位，掌握訂貨量、庫存量和陳列量，釐清究竟該如何訂貨，才能讓營收極大化，同時又能降低庫存量。而單品管理的執行方法，就是擬訂假設，並以銷售結果來加以驗證。這樣操作的目的，是要淘汰滯銷品（佔據賣場空間，卻很難賣出去的商品），讓暢銷品（常有顧客購買的商品）得以取而代之，在店頭陳列出來（請參照專欄 5-2）。

專欄 5-2

假設驗證式下單（7-Eleven）

日本的 7-Eleven 可說是最早落實單品管理，並且做得最成功的企業。便利商店的門市空間狹小，能上架銷售的商品數量非常有限。若不確實掌握個別商品暢銷與否，就無法在店頭陳列出熱賣商品。尤其那些效期較短的商品，如果因為擔心報廢損失而調降下單量，恐將影響便利商店對顧客的方便性。於是日本 7-Eleven 蒐集了包括每個品項何時賣出、報廢幾個、由什麼樣的顧客買走等銷售數據，並且運用這些資訊來下單訂貨，以落實單品管理。

舉例來說，由營運總部根據銷售資訊，來決定各門市商品訂購數量的「自動訂購」機制，就是便利商店把訂購記錄和銷售資訊運用在訂貨上的手法之一。啟動自動訂購機制時，總部會根據從各門市蒐集來的資訊，提供「建議訂購量」給門市。這個方法，讓各門市只要依總部指示訂貨即可，優點是人人都可以負責訂貨，但缺點是負責訂貨的員工不會再動腦思考商品的銷路好壞。有鑑於此，7-Eleven 引進了一套訂貨方法，稱之為「假設驗證式下單」。

所謂的假設驗證式下單，就是根據總部提供訂購記錄和銷售實績數據，由各門市的訂貨人員自行擬訂假設，下單訂貨。然後再根據銷售成績來驗證自己的假設，以提升後續訂貨的精準度。這樣的訂購系統，好處有：(1)由各門市的訂貨人員負責訂貨，(2)可從訂貨人員的經驗和直覺當中，選出有效的部分來運用在訂貨工作上，(3)員工可運用已儲存的數據資料，自行擬訂假設，(4)一些總部無法取得的詳細在地資料（例如週末哪裡要辦運動會等），都可以運用在訂貨業務上。

日本 7-Eleven 自一九八二年導入銷售時點情報（POS）系統之後，就一直根據 POS 上可取得的資訊降低庫存，同時又推動能讓營收更上一層樓的單品管理，所以在小小的門市裡，銷售的品項總是很充實。

◇商品搭配與陳列

在經過一次又一次的取捨，終於決定店頭的商品搭配之後，下一步要做的，就是決定這些商品該如何陳列。如果用最簡單的方法，就是分門別類，機械式地判斷哪些商品要陳列在門市的什麼地方，例如把麵包放在麵包區，調味料擺在調味料區等等。可是，若要考慮如何有效銷售，事情就不是這麼簡單了。會這樣說有兩個原因：

規劃商品陳列的難處之一，是必須考慮如何串聯彼此相關的商品。以大阪燒醬為例，如果考慮到它是顧客為了做大阪燒而購買的商品，或許就該把它和大阪燒粉、高麗菜和青海苔粉等非調味料區的商品陳列在一起。這些很有可能同時購買的商品，就是所謂的「互補品」（complementary goods）。零售業者必需考量哪些是能滿足顧客需求的商品群，運用巧思，設法將互補品陳列在鄰近的地方。

規劃商品陳列的難處之二，在於業者有時很難事前訂定每項商品屬於哪個品類。當顧客會因為購買某一項商品，而不買另一項商品時，這兩個商品就是所謂的「替代品」（substitute goods）。消費者在選購商品時，往往喜歡貨比三家（比較、評估替代品後再購買），因此陳列出越多替代品，對消費者而言越便利。舉例來說，如果顧客常要買在家喝的整箱罐裝啤酒，那就要把它們放在酒精飲料區，方便顧客比較多家廠商的產品，或和日本酒等其他酒精飲料做比較。不過，如果顧客要買的是年節送禮用的啤酒，那麼陳列方式可就不一樣了。此時啤酒可能要和火腿或洗潔精 放在一起。綜上所述，商品究竟屬於哪一個品類，會因消費者購買的用途而有所不同；而用來一起陳列的替代品選項，當然也會不太一樣。

　　由此可知，要安排恰當的商品搭配，必須跨越前面看到的各種取捨難題，再以 SKU 為單位，評估哪些商品要準備多少數量，同時還要考量如何串聯彼此相關的商品才行。

4. 結語

　　走進超市，我們就能習以為常地選購商品。可是，讀過本章的讀者，應該可以明白：在有限的門市空間當中，超市要安排出最適當的商品搭配，以因應我們消費者天天變化的需求，是多麼不簡單的事。

　　零售業者不可能預先完整掌握顧客想要什麼。可是，業者也不能因為這樣，就隨興地把想銷售的商品全都放進貨架，否則店裡就會堆滿賣不出去的庫存。要懂得明辨哪些商品銷路暢旺，為它們安排更多陳列空間，把銷路欠佳的商品陳列控制在最低限度，還要讓上門的客人可以不費力地找到想要的商品。除此之外，陳列上更要設法讓顧客在店頭發現一些「看了好想買」的商品。為了實現這樣的理想，超市每天都在不斷地摸索，以期能找出最理想的品項搭配。

❓動動腦

1. 看看你的桌面和抽屜等處，試著把擺放在這些地方的物品（例如文具等）分類，區分出需要和不需要的。接著再想一想：究竟該怎麼做，以後才能立即拿出需要的東西？
2. 為什麼零售業很難做好商品搭配？
3. 實際走訪超市以外的零售商店（便利商店和百貨公司等），看看那裡的商品搭配和超市有什麼不同，再想一想為什麼會有這些差異？

主要參考文獻

小川進《需求鏈經營》日本經濟新聞社，2000 年。
田島義博、原田英生《流通入門教室》日本經濟新聞社，1997 年。
藤本隆宏《製造業經營學》光文社新書，2007 年。

進階閱讀

☆想學習商化的基礎知識：
　田島義博《商化知識〈第 2 版〉》日經文庫，2004 年。
☆想學習商品搭配或店內宣傳：
　流通經濟研究所《店內商化》日本經濟新聞出版社，2008 年。
☆想了解流通業推行改善活動的實際狀況：
　井上邦彥《豐田生協革命：走出困境》日科技連出版社，2003 年。

第 5 章

第 6 章

賣場規劃設計

1. 前言

請各位回想一下自己熟悉的超市。店裡有些預先包裝好的商品，入口附近則陳列了一些超值商品，傍晚還會有折扣或特價。你拿著購物籃在店裡到處逛逛，再把要買的東西拿到收銀台。這的確是個標準的超市樣貌，但光是這樣，好像有點太乏味……這樣的想法，應該是可以被允許的吧？

請各位想像一下自己在星巴克喝咖啡的場景。各位會想到的，應該是在充滿咖啡香的店裡，播放著柔和的音樂，而各位置身在詳和的氣氛中，放鬆地喝著咖啡吧？就算我們買了星巴克賣的咖啡豆，在家裡喝著同樣的咖啡，是否仍會覺得有什麼地方「不太對勁」？

這個「不太對勁」之處，和我們在購物消費、享受服務時的「心情感受」，以及店裡的「氣氛」有關。人在消費時，其實不單只是在買東西或使用服務，也在享受「購物」這件事，與購物時所得到的服務。以日常的採買為例，在街上或商家閒逛的「購物」行程，應該會比「跑腿」更令人覺得愉快。

在這樣的思維之下，有一家超市很努力地在營造歡樂的氣氛。從顧客走進門市之前，業者就已經在營造歡樂氣氛；走進店裡，豐富的商品，充滿立體感而華麗地陳列在眼前，讓人更能開心地選購商品。在各區賣場上，商品不只價格便宜，還用了許多道具，來說明它們的魅力和講究之處。而在店內的顯眼處，每天都有許多試吃活動，以及熱情洋溢的現場演示。這家零售通路想把超市塑造成享受飲食生活的「購物天堂」，而不再只是採買食品的地方。這樣的零售通路，不知道各位看起來覺得怎麼樣？

2. 陽光超市：打造吸引顧客上門的賣場

◇陽光超市所處的環境

自從二〇〇八年金融海嘯爆發以來，日本的景氣大幅衰退，消費者的購物意願也持續低迷。因此，許多超市為了招攬顧客，持續展開「再多便宜 1 圓也好」的價格攻防。然而，屋漏偏逢連夜雨，小麥等原物料的價格，也自同一時期開始飆漲，以食品為銷售主力的零售業，業績大受打擊。在這種大環境的寒冬之中，總公司位在高知市稻荷町的陽光股份有限公司（Sunshine）卻是逆勢成長。陽光超市創立於一九六一（年四月，資本額三億日圓，截至二〇一一年十月時，員工總人數為 1,586 人（含男性 362 人，女性 184 人，計時人員 1,040 人），旗下擁有 12 家加盟企業，32 家門市（含 15 家直營店，17 家加盟店），是一家年營業額達 420 億日圓的食品超市連鎖。

陽光超市的總公司所在地——高知縣，人口於二〇〇五年時跌破 80 萬人，目前仍在逐年減少。此外，當地的縣民所得還是全日本倒數第 2，失業率也居高不下。還有，景氣低迷不振，導致消費者更趨價格導向，超市經營備感壓力。二〇〇二年時，高知縣內原本有約 120 家超市門市，之後的六年內，就有約 20 家門市進入整頓、歇業狀態，情況相當嚴峻。

在這樣的時局下，陽光超市打出「飲食是一種時尚」的口號，在營造「歡樂」氣氛的同時，也講究商品的鮮度和品質，並以絲毫不比競爭者遜色的實惠價格銷售，自許為「高質超市」（和那些以較高價格，銷售優質商品的「高級超市」不同），業績逐步走揚。

　　然而，陽光超市能有這樣的表現，憑的不只是賣場上華麗、歡樂的氣氛，背後更有具科學實證的經營手法支撐。就讓我們來看看陽光超市獨特的賣場規劃，並確認當中值得學習的重點。

◇門市名稱與氣氛，讓人備感活力

　　陽光（Sunshine）的「sun」是太陽，「shine」則是閃耀的意思。陽光超市期許自己的存在，就像是熱愛、溫暖並孕育萬物的太陽，也就是要成為在地深耕的購物廣場。因此，陽光超市的發展方針，是要在四國全區各地展店，朝「創造富庶的在地社會」邁進。

　　分布各區的門市，除了會掛上「陽光」這個公司名稱之外，還會取一個獨一無二的名稱，例如「卡爾迪亞」（CARDEA）、「伯帝斯」（BERTIS）、「利奧」（LIO）、「古拉都」（Qurage）、「奧利比歐」（ORIBIO）等。「卡爾迪亞」是羅馬神話中「掌管家庭生活的女神」，陽光超市期許這家門市在當地民眾的心目中，能如太陽般不可或缺，並持續提供「美味與歡樂」，所以才冠上了這個名稱。在招牌上，這些門市的名稱，比公司名稱「陽光」更大更顯眼。

　　踏進店裡，迎面而來的，是溫暖的燈光、粉彩色系的裝潢，還有震撼力十足的展示架（用來擺放或堆疊商品的貨架、設備），讓人心情跟著雀躍起來（照片 6-1）。

　　一邊感受店裡的氛圍，一邊望向店內。映入眼簾的，是五彩繽紛的蔬果，陳列充滿了立體感（照片 6-2）。用心做出這種立體的量感陳列，正是該區員工發揮功力的大好機會。例如蘋果不是只拿來堆成一座小山，有些堆在籃子裡，間或加上些許綠葉點綴，演繹

【照片 6-1　陽光超市的門市外觀與店內氣氛】

資料來源：陽光股份有限公司提供

第**6**章

【照片 6-2　充滿立體感的量感陳列】

資料來源：陽光股份有限公司提供

出歡愉的購物氣氛。其他像是在橘子下方鋪上楓紅色蓆子，讓橘子顏色看來更鮮豔；或是在陳列葡萄時，先在底下鋪上磚塊，再用鋪著半透明襯墊的杯子裝葡萄，既能避免商品倒塌，又能呈現出立體感，還用象徵葉片的綠色藤蔓點綴，把整個賣場妝點得華麗繽紛。門市還會搭配這些陳列推出各式活動，讓店裡天天都有變化。

陽光超市為什麼會想在門市營造這樣的氣氛呢？其中一個很重要的轉捩點，就是陽光超市所處的環境，出現了兩個變化。

第一個變化，是陽光超市所處的競爭環境日趨激烈。二〇〇三年時，原本還是走傳統超市路線的卡爾迪亞門市，周邊有以香川縣為大本營的「丸中」（Marunaka）、以愛媛縣為主要據點的「富士」和「陽光市場」（sunny mart）等競爭者的門市，正在逐步擴大賣場面積。受到競爭環境日趨激烈的影響，陽光超市的營收大減。再加上當時，以低價銷售營業用食材的「食材批發超市」崛起，陽光超市的企業規模比不上這些競爭者，要是和其他通路一樣走低價路線，必定無法在價格戰中獲勝，甚至還可能關門大吉。因此，陽光超市需要另闢一個有別於傳統競爭的戰場。

會選擇發展新方向的另一個原因，是飲食的時尚化趨勢。消費者的飲食文化轉變，更願意追求「用餐」這件事所帶來的享受。陽光超市的經營團隊很早就決定跟上這一波風向變化，便在二〇〇三年改裝卡爾迪亞門市，打造成形象明亮、歡樂的超市。這個決策的成功，成了日後陽光超市大步朝「高質超市」轉型的契機。二〇〇九年十二月，陽光超市的「奧利比歐門市」開幕之後，直營的 15 家門市便全數完成高質超市的轉型工作。這麼大刀闊斧的轉型，伴隨著資金投入與風險，若無法依循一貫的方針來展店或改裝，

轉型就會失敗。因此，其他競爭者絕對無法輕易模仿這樣的改革。

　　然而，越是營造高質超市的氛圍，越會給人強烈的「高級」印象，可能導致顧客連想到「高價」（即便事實並非如此）。為避免顧客產生這樣的印象，陽光超市推動了自家獨創的商化活動。

◇演繹購物樂趣的商化活動

　　一般來說，消費者認為品質越好，價格就越貴。可是，以「高質超市」為目標的陽光超市，必須在顧客心目中建立「品質雖好卻不貴」的印象。因此，陽光超市自有一套商品搭配的獨門方針，才能用充滿立體感的商品陳列，在顧客心中蘊釀滿心期待，同時也營造出「不比其它通路遜色」的實惠感。若以價格為橫軸，價值、品質為縱軸，各種不同定位商品在陽光超市當中的商品占比，就如圖6-1 所示。

【圖 6-1　陽光超市的商品搭配概念與占比】

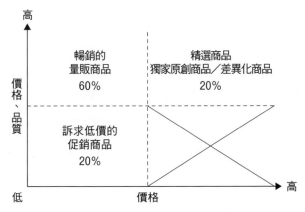

資料來源：作者依參考資料編製

專欄 6-1

視覺商化與賣場規劃設計（優衣庫）

為了完整呈現商品的優點，傳達商品的魅力，零售業者會巧妙運用燈光，呈現素材的鮮豔色澤，或用不同色調搭配出豐富的視覺效果，甚至是用充滿立體感的陳列方式，設計出可吸引顧客目光，提升購買意願的賣場——我們把這些工作稱為「視覺化商品陳列」（VMD）。近年來，有越來越多商家會透過這些措施，設法提升門市對顧客的吸引力。

舉例來說，服飾連鎖「優衣庫」在店頭陳列商品時，會讓色調搭配繽紛多彩，並且在面對走道的顯眼處、或門市中央出入口附近，放上穿著自家商品的假人模特兒，以吸引顧客的注意。另外，優衣庫在展示上也有巧思。他們會在店內後方的牆上貼出大型海報，透過視覺讓顧客想像服飾穿搭，提升顧客的購買意願。

諸如此類的安排，讓優衣庫門市在前、中、後區都各有醒目設計，而在主走道和延伸到店內後方的專區部分，則會展示出有「磁鐵」之稱的魅力商品，吸引顧客上門，並將顧客一步步引導到店內後方。

尤其優衣庫還把顧客上門前就決定要買的品項，也就是所謂「目的性購買」的商品陳列在店內後方，並且在通往這些商品的走道上，醒目地陳列出撩撥顧客興趣的商品，為顧客製造更多接觸商品的契機。接觸到商品的機率越高，平均每人購買的品項數就會增加，或是更有機會讓顧客買下高單價的商品。

先把門市入口處妝點得繽紛華麗，增加來客數，再把上門的的顧客引導到店內後方，拉長顧客在店內停留的時間，就能增加顧客接觸商品的機會。即使賣的商品都一樣，設法讓商品看起來更有魅力，並研擬更理想的陳列方法或門市擺設規劃，打造出更吸引人的賣場，就有機會推升營業額。因此思考如何營造理想的賣場，對零售業者而言是非常重要的工作。

右上角是用來提升「店格」的商品，包括精選商品、獨家原創商品，以及用來強調自家通路與眾不同的品項，在整體商品搭配的占比為 20%。這個商品群的定位，是「陽光超市獨賣商品」，在銷售上除了訴求「安全、安心、可口」之外，也在傳達飲食的樂趣與美味，藉以做出差異化。

左上角則是所謂的「量販商品」，也就是要透過大量銷售暢銷商品來確保毛利，在整體商品中的比重佔 60%。這個商品群會讓顧客感受到時令、季節的變化，在價格上也以實惠為訴求。此外，它們也是陽光超市為了強調自家商品搭配豐富多元，特別呈現立體量感，以別出心裁的陳列方式，力推銷量的商品群。

左下角是促銷商品，以不遜色於其他通路的低價作為訴求，佔整體商品的 20%，是用來提升聚客力的商品群。換言之，這些品項容易被拿來比價，因此要隨時調查其他同業的動向，才能做到同區最低價。由於這個商品群肩負著彰顯超市地位的功能，因此在維持品質、安全、安心等價值的同時，如何向顧客訴求商品的超值感，至關重要。陽光超市會派員在上、下午的指定時段，前往預設的競爭者門市查價，以期讓這個商品群的品項，能以新鮮和低價取勝。

至於「低品質、高價位」的商品，即使放在門市銷售，想必也賣不出去，因此在右下方的這個位置，陽光超市並未設定任何商品。

近年來，有越來越多零售業者聚焦在暢銷或低價商品，只擺出那些保證暢銷的品項。然而，陽光超市卻能將上述三個商品群的比重，確實地維持在 20%：60%：20% 的水準，把自己定位（positioning）為「雖和其他同業競爭，卻是一家不打流血價格戰的超市」。換言之，陽光超市在強打「精選商品」的同時，仍陳列

時令商品、暢銷商品，和以低價取勝的商品，以商品搭配的廣度，讓消費者可以比較後再購買，享受貨比三家的樂趣。陽光超市認為，此舉會讓只追求低價的顧客轉往其他超市消費，而陽光超市只要吸引那些能在獨家商品搭配和陳列中感受到驚喜、話題和耳目一新，同時又能從中享受選購樂趣的顧客上門即可。

　　陽光超市在旗下所有門市，都推行這個維持商品佔比的概念，期盼能讓顧客感受到超越價格的價值，以及購物的樂趣。而這樣的措施，也是陽光超市讓顧客轉換心情，把採買「義務」化為開心「購物」的機制之一。

◇連結在地的「產直市」賣場

　　陽光超市在門市出入口附近，設有在地農友直接送蔬果到店銷售的「產直市」專區。起初這個構想只有 6 位農友參與，如今已有多達 1,800 位兼職農友登記加入，是很多顧客都會參觀選購的賣場。通常超市的來客尖峰是 11 點半到 13 點半，和 16 點半到 17 點半，至於剛開門的上午時段，聚客力則相當薄弱。陽光超市當初就是想找出有別於其他同業的觀點，發展有利於聚客的措施，才催生出了「產直市」的活動。

　　產直市的蔬果商品，都是由農友直接送到門市陳列，農友可自由擺放任何商品。凡是標有農友姓名的商品，價格可由農友自訂。據說賣場上還會貼出農友的照片，連蔬果的介紹或評論等，都是由供貨農友親自撰寫。有些農友已有固定顧客支持，因此許多消費者都是為了逛產直市而上門，如今甚至還發展成 90％顧客都會走近參觀的熱門專區。

　　登記加入產直市的農友越多，越能增添顧客選購的樂趣。例如同樣是蕃茄，在產直市就能陳列出好幾種品項。況且農友還能直接聽到「因為是○○你的蕃茄，所以我才會想買」等回饋，廣受各方好評。後來門市每次改裝，產直市的專區規模就跟著擴大。此外，自二○○四年起，陽光超市會將該區各項蔬果的銷售資訊，從 POS 系統自動發送到農友的手機，且每天回報四次。有了這個回報系統之後，農友可迅速檢視哪些品項即將售罄，並立即到田裡採收，送到產直市上架。產直市也因為這樣，不再發生商品售罄或庫存過少的情形，而且賣場上隨時都擺滿了新鮮的商品。

第 **6** 章

專欄 6-2

陳列與商品配置表

陳列商品，並不是只要把商品擺出來就好。舉例來説，當我們進到一家商店，站在貨架前面時，如果貨架上的商品（品牌）種類很有限，還有多項商品售罄，到處都顯得空蕩蕩，想必這家商店在我們心目中的魅力，一定會大打折扣。選購商品時，我們總會想從幾個選項中挑選、比較，直到自己認同才出手購買。而零售業者為了回應顧客這樣的期待，必須把顧客想要的商品，做好妥善的商品搭配後再陳列出來，以便顧客比較。

一般而言，同樣的商品搭配，營業額還是會因陳列方式不同而有所差異。越是便於選購的賣場，顧客購買的商品品項數就會越多。因此，零售業者若想推升營業額，那麼門市裡的陳列手法便顯得格外重要。陳列方法的基本原則，是暢銷商品在架上醒目的地方或中央處多配置一些，至於容易被拿來相提並論的商品，則擺放在它們的四周——換言之，就是要規劃出一個便於比較的貨架，把相關商品安排在相近的地方。

這些決定商品陳列如何安排的舉動，我們稱之為「商品配置」（棚割）。而製作商品配置表時的重點，在於「消費者選購商品時重視的項目」。以罐裝茶飲為例，如果多數消費者重視的項目，依序是品牌、容量和價格的話，那麼就要先依茶飲品牌分配貨架，並將暢銷品牌配置在顯眼的地方；接著重點是要運用巧思、多方考慮，在貨架空間搭配陳列各種不同容量、價格的商品。商品配置表與消費者的需求越趨一致，顧客選購商品越方便，最終也會帶動門市業績大幅攀升。以往，這種規劃商品配置的工作，多半是由該品類的龍頭品牌製造商，或經銷業者向零售門市提出建議。然而，未來（要突破「賣方觀點的賣場」這種觀念）操作的重點，是要打造消費者心目中方便採買的「買場」。因此，由零售商店自行規劃商品配置表的重要性，將與日俱增。

3. 推升營收的促銷

◇評論型POP與鮮度視覺化

　　在陽光超市的產直市當中，會擺設由農友自行製作的商品介紹，或寫有評論的促銷道具。不過，其實陽光超市的員工，也會在自家門市裡到處設置類似的道具。

　　通常在超市裡，會放置關東旗、海報或說明商品的促銷 POP，主要是為了讓超值商品或促銷商品等品項更醒目，並藉由訴求低價，以提升來客數。

　　而在陽光超市當中，POP 的使用方式和其他同業略有不同。他們會在精選商品、獨家原創商品或差異化商品附近，以及店內的主要賣場放置 POP，但這些 POP 的用途，並不是只為了強調價格。陽光超市裡有很多 POP，都是為了歡欣喜悅地傳達顧客想知道的資訊，他們稱之為「評論型 POP」（照片 6 - 4）。使用評論型 POP 介紹的商品，基本上都是由門市全體員工實際試吃過後，寫下感想來介紹。這項促銷道具會如此受到重視，是因為它是用來向顧客說明食品相關資訊的措施，絕不是為了推銷。

　　陽光超市特別用心經營的一項策略，是將他們落實銷售最新鮮商品的這項堅持，定義為「超鮮度」，並在店內大大地掛出「鮮度宣言」的 POP。透過 POP 來呈現自家通路的鮮度管理方針，以期能用看得到的型式，讓顧客知道這些商品安全新鮮、值得安心。

　　陽光超市不是只有掛廣告、呼口號，他們對鮮度管理的作業程序，更是徹底落實。一早，陽光超市就會從漁會直接採購新鮮現流的魚獲，而不是在市場採買；採購來的這些海鮮，當天就會在門市

【照片 6-3　待補】

資料來源：陽光股份有限公司提供

銷售完畢，不放隔夜。生魚片只要上架超過 6 小時，就會祭出折扣，以便在當天內全數出清。沙拉和分切過的蔬菜，則是設定 5 小時的銷售期，時間一過就打折出售。牛奶等日配商品，則是只要新鮮商品一到貨，較舊的商品就打折。如此確實的鮮度管理，讓陽光超市的報廢比例幾乎為零，毛利率也隨之走揚。水果則是祭出了「美味宣言」，明訂出最低糖度標準，未達此一標準者絕不上架，非國產商品絕不列入基本商品，魄力可見一斑。陽光超市運用這些方法，以可見的形式呈現平常消費者看不到的「鮮度」，也促使消費者思考一些「不透過 POP 傳達，就沒人察覺」的事項，讓顧客也能逐步了解陽光超市的政策。

此外，店裡還會提供很多該店的暢銷排行資訊，用意是要幫助那些沒時間精挑細選的顧客，讓他們參考這些資訊，在有限的時間內有效率地完成採買。

◇豐富的試吃與現場叫賣

　　平時，顧客可從賣場或走道上看到海鮮區裡的烹調情況；來客變多的傍晚時段，則會推出現剖鮪魚秀或鰹魚半敲燒現烤現賣等活動。在蔬菜或熟食區，也有員工親自示範、說明自創的菜色，或用油炸機現場烹調炸物。在這些舉辦現場演示活動的賣場，都會裝設大型螢幕轉播，顧客可透過大螢幕欣賞現剖鮪魚或平底鍋現場料理的實況。陽光超市把這種銷售手法稱為「現場叫賣」，天天舉辦這種充滿臨場感的活動，例如搭配店內廣播進行現場演示或試吃等。

　　觀看現場演示或螢幕畫面（視覺）、店內各處彌漫的料理香氣（嗅覺）、說明或烹調的聲音（聽覺）和試吃（觸覺、味覺）——陽光超市的門市就會像這樣，為顧客的五官帶來刺激。他們認為：「顧客是用腦在品嘗，而不是嘴」，而現場叫賣將這個概念化為具體，用洋溢臨場感的賣場，撩撥顧客的購物欲望（照片6-4）。原

第6章

【照片 6-4　現場叫賣（鮪魚現剖）實景】

資料來源：陽光股份有限公司提供

本這些在店內烹調的商品,都會在門市內部的處理室(後場)處理。陽光超市刻意把這些加工搬到顧客面前,操作給大家看,營造充滿驚喜和趣味的賣場。據說只要單一品項持續辦理一個月的現場叫賣,營業額就能成長 6 ～ 15 倍。而現場叫賣的內容,也會不斷推陳出新,成為吸引顧客百看不膩的一大賣點。

　　高知縣職業婦女的比例高於全國平均,據說很多女性都是在傍晚下班的 5 點過後,才到超市思考當天晚餐菜色。陽光超市認為,對這些職業婦女而言,為了讓家人填飽肚子的「採買」,只是一份令人痛苦的義務。於是陽光超市打造了氣氛溫馨的門市,透過各種試吃活動,讓她們能切身感受到飲食的樂趣,並且站在職業婦女的立場,為她們規劃了這個「購物場域」,也就是站在顧客的立場,演繹出這個購物採買的「買場」,讓職業婦女享受購物的樂趣。因此,陽光超市特別著重時尚、流行和奢華等元素,對於如何蘊釀出「邊享受試吃樂趣,邊考慮菜色」的氣氛,更是格外重視。在這樣的氣氛下,顧客帶著雀躍的心情在店裡選購,放進購物籃裡的商品數量,也就跟著變多了。

4. 結語

在本章當中，我們以陽光超市為例，討論了賣場規劃設計的案例。陽光超市的門市，透過在賣場氣氛和商品陳列上傾注用心巧思，演繹出既歡樂又繽紛的賣場。這樣的門市印象，為陽光超市營造出了不同於其他同業的形象，也給了顧客一個上門選購的理由。

此外，陽光超市在陳列商品的貨架上設置 POP 等促銷道具，並不只是為了讓便宜價格或促銷商品更顯眼，而是為了將商品的魅力、通路的堅持，以及無與倫比的鮮度訴諸視覺呈現，讓顧客更了解門市的政策與理念，進而購買更多或更有價值的商品。還有，陽光超市還把過去藏在門市後場處理的業務，搬到賣場的顯眼處調理、說明，讓顧客親眼看見，訴求五官的臨場感和實況感，而且每次都能帶給顧客不同的經驗和樂趣，讓顧客在享受試吃或與店員對話的過程中，被挑起更強烈的購買意願。

陽光超市運用這些手法，呈現出在自家超市購物的歡愉氣氛，讓門市不再只是單純的食品賣場，而是享受購物樂趣的場域，讓業績蒸蒸日上。一般而言，消費者心目中所想的「去食品超市採買」，是去買料理三餐所需的材料，帶有強烈的「工作」甚至是「義務」色彩，所以往往只會要求食品超市以更便宜的價格，提供顧客要的商品。如此一來，零售業者便會滿腦子擔心報廢，到頭來就只願意銷售那些暢銷商品了。每家業者都這樣操作的下場，就是就是不管走到哪一家超市，商品搭配都大同小異，門市千篇一律，消費者也會開始覺得「去哪裡買都一樣」，於是人的心態就會流於追求價格，

只想在更便宜的地方採買。這種價格競爭的惡性循環，讓包括超市在內的許多零售企業，業績日漸惡化。

　　想擺脫這樣的競爭，關鍵就在於如何規劃出讓人買得方便、開心，甚至讓人覺得「每次都有新花樣」的賣場——這樣做就能加深顧客對門市的喜愛，從有別於價格競爭的層次，和其他競爭者一較高下。

❓動動腦

1. 找出一家總是門庭若市的商店，和一家總是門可羅雀的店家，並實際走訪，比較兩者的賣場氣氛和陳列，想一想讓商家門庭若市的原因是什麼？（可以是超市、便利商店或專賣店等商店，形式不拘。）

2. 承 1，如果你在那家門可羅雀的店家當店長，該如何調整賣場的設計規劃或陳列，才能要讓自家商店更熱鬧？

3. 回想一下自己「一時衝動就買了」的經驗，想一想自己選擇在那家店購買的原因，和店裡的廣告製作物（POP）、氣氛和陳列方法等店頭狀態，有什麼關連？

第**6**章

主要參考文獻

〈陽光超市　奇蹟式的門市營運術〉《商業界》，2008 年 6 月號，p.62-76。

〈特集陽光超市（高知縣）全紀錄〉《超市店長會議》2008 年 9 月號，p.4-18。

〈熱賣商家的商品配置表 完整分析：優衣庫銀座店 & CROISSANT 大和郡山店《商業界》2010 年 2 月增量版，p.66-72。

進階閱讀

☆想更有系統地學習如何打造一個熱銷賣場：

　鈴木哲男《賣場營造的知識》日本經濟新聞社，1999 年。

☆想學習如何打造出讓人萌生購物欲望的賣場和商品陳列：

　松村清《瞠目結舌：銷售心理學的 93 個法則》商業界，2002 年。

☆想學習什麼是「消費者觀點的賣場」，以及它的規劃流程：

　布萊恩•哈里斯（Brian Harris）、佐野吉弘《品類管理入門》商業
　界，2006 年。

第 7 章

後場規劃設計

第 1 章
第 2 章
第 3 章
第 4 章
第 5 章
第 6 章
第 7 章
第 8 章
第 9 章
第 10 章
第 11 章
第 12 章
第 13 章
第 14 章
第 15 章

1. 前言

平常你我都經常光顧食品超市。生鮮食品的商品搭配豐富多樣，是它的一大特徵。明亮的入口附近，是陳列著新鮮蔬菜水果的蔬果區；接著則是海鮮、肉品區。賣場上幾乎看不到一整條的魚，或一大塊的肉——因為絕大多數都已分切成易於購買的份量、方便使用的形狀，再用保麗龍或塑膠托盤，搭配膠膜包裝得漂漂亮亮。不論什麼時段，貨架上陳列的商品盒數，幾乎總是保持固定，除了打烊前之外，幾乎不可能售罄。這些商品當然都非常新鮮，顧客會自由拿取陳列在貨架上的品項，放進購物籃，再帶到收銀區，和其他商品結帳。

或許對很多讀者來說，這樣的賣場和購物型態，已是習以為常、再普通也不過的光景。然而，以自助服務的方式銷售生鮮食品，其實並不如我們想像的那麼簡單。所謂的食品超市，可不是採購新鮮商品進來，再擺到架上去就好。當中累積了很多智慧與巧思，還要不斷地研發、改良專用的設備儀器，這樣的商業型態才得以實現。而這些努力，多半都是在我們平常看不到的「後場」空間進行。

「後場」這個名詞，或許各位並不熟悉，應該有很多人都只看過它的入口。各位是否曾經發現，在超市生鮮食品區的一隅，有一道閃著銀光的推拉門呢（照片 7-1）？這道門上總會掛著「非工作人員請勿進入」的牌子，因此各位無從得知內部的情況，說不定各位曾看過超市員工在這裡忙進忙出。這道門的彼端，就是所謂的後場。超市裡的生鮮食品，都是在這裡準備、管理，好讓我們能隨時以最新鮮的狀態買到，是一個很重要的地方。

【照片 7-1　通往後場的出入口】

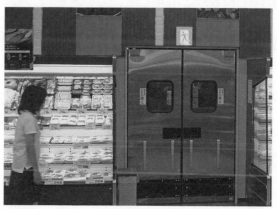

資料來源：作者拍攝

第7章

　　換句話說，繽紛豐富、活力十足的店頭，和有獲利的銷售活動，都是「後場」全力支援，在幕後努力付出的成果。本章就要以「關西超市」的後場革新為例，和各位一起來看看超市在這樣的幕後重地，究竟投入了哪些用心和努力。

2. 關西超市的後場革新

◇銷售生鮮食品的難處

很多讀者可能都對關西超級市場（以下簡稱「關西超市」）不太熟悉，甚至連聽都沒聽過。由於食品超市銷售的是在地特性顯著的商品，所以其實原本是屬於在地深耕型的商業活動，只集中在特定區域展店。關西超市也是如此。它的總公司位在兵庫縣伊丹市，只集中在兵庫、大阪和奈良展店，目前門市共有 60 家（截至二〇一一年八月統計數字），年營業額約 1,150 億日圓（二〇一〇年二月至二〇一一年三月），在超市業界屬於中堅規模。

然而，關西超市在食品超市業界的名氣之大，堪稱是無人不曉——因為這家企業自一九五九年創業後，解決了日本食品超市在生鮮食品銷售上所面對的難題，大幅改善了食品超市的經營效率。

對食品超市而言，生鮮食品是很重要的商品，不僅貢獻了近五成的營收，還是讓顧客三天兩頭就上門消費的契機——因為它們和那些可以趁折扣時買來囤積的加工食品不同，顧客特別講究它們的鮮度，所以必須天天到超市購買。然而，在生鮮食品的銷售上，想主打「鮮度」這個賣點，就要面對一些棘手的問題，所以早期每家食品超市都是慘澹經營。

首先是報廢損失的問題。生鮮食品的鮮度會在短時間內流失，這一點應該毋需贅述。舉例來說，菠菜鮮嫩的狀態，連一天都維持不了；捕撈上岸後死掉的魚，會在很短的時間內就開始腐壞。

此外，食品超市的特色——銷售方法，正是讓生鮮食品難以落實管理鮮度的原因。超市裡的生鮮食品，早期是採用所謂的「面對

面銷售」，也就是在顧客選定商品後，才由師傅當場加工出售。可是這樣的方法，等於每個品項必須逐一請師傅加工，既麻煩又費時。因此，現在多數食品超市的主流，是所謂的「自助式」，也就是預先加工商品，再以包裝完整的狀態銷售。而這些加工程序，其實也是加速鮮度降低、增加報廢損失的原因之一。生鮮食品通常只要一經分切，鮮度便開始快速流失——因為分切會增加這些食品的空氣接觸面積，加速它們的氧化，或破壞它們的細胞組織。

而不再新鮮的商品，當然無法繼續放在貨架上銷售，所以最後只能丟棄。若只考慮「減少報廢損失」的話，減少生鮮食品進貨或加工商品（盒）數量，盡早賣完才是上策。實際上，早期食品超市的銷售手法確實很粗糙，生鮮最新鮮的上午時段，就以進貨成本的兩倍價格出售，到了下午鮮度降低時，便改以進貨成本出售，到了傍晚，再不惜血本大出清。然而這樣的賣法，讓生鮮食品的銷售很難有獲利可言。

此外，這種銷售手法還會引發另一個問題，那就是因商品售罄而錯失銷售機會（機會損失）——也就是顧客已經上門來買東西，卻因為想要的商品售罄而買不到的情況。當商家因為擔心報廢損失而降低商品存貨時，售罄風險自然也會隨之提升。

當各位在店裡找不到想買的商品時，會選擇詢問店員，還是改天再來？想必各位應該會摸摸鼻子離開，直接走到別家食品超市去消費吧？換句話說，因商品售罄而錯失的銷售機會，不僅會讓店家失去當下的那一筆營收，可能還會流失掉一個對店家失望的顧客。

要避免這樣的機會損失，最好是盡可能多準備一些存貨。例如在店頭陳列多一些蔬菜水果，或事先包裝好大量的生魚片和肉片，

就不會發生商品售罄的問題。可是這樣一來,報廢損失的風險又會隨之升高。

◇從後場迅速補貨

針對這個難題,關西超市在一九六〇年代中期,想到了一個解決方案——那就是看店頭賣掉多少商品,就再從後場生產,並上架補貨。

假設某家門市的海鮮區一天可以賣出 30 盒鯛魚生魚片,而一尾鯛魚可加工成 5 盒生魚片的話,這家門市一天需要的鯛魚就是六尾。魚進貨之後如果擺著不管,馬上就會開始腐壞,但只要先把雜菌的源頭——鰓和內臟拿掉,再用冰鹽水洗過之後,就能延長保鮮時間。所以一早六尾鯛魚到貨之後,就要先處理掉它們的鰓和內臟;接著是製作盒裝生魚片,數量只須達到貨架上要擺放的最低限度(就是所謂的「標準庫存量」)即可。假設最低需求量是五盒,那就只要加工一條鯛魚,剩下的四條就維持「原塊」狀態,放進冰箱冷藏。之後就看店頭賣出幾盒,再從後場取出「原塊」來製作生魚片,送到賣場去補貨即可。如此一來,店頭就能隨時擺出新鮮的商品,又不至於售罄。

要讓貨架上陳列的商品維持在一定數量,就要依顧客購買的速度,補上被買走的商品。最理想的狀態,是只要顧客把一盒鯛魚生魚片放進購物籃,後場就必須立刻補上一盒相同的商品。不過,食品超市倒是不需要這麼密集地補貨,密集到這種程度,反而會讓作業效率變差。員工只要留意來客人數和銷售狀況,適時補充,不要

讓海鮮區出現「一盒鯛魚生魚片都沒有」的情形即可。

不過，後場加工作業的速度，當然還是越快越好。畢竟動作越快，越不容易發生商品殘餘或售罄的問題。

以剛才的鯛魚生魚片為例，假如一開始製作的五盒商品，隨著時間過去而漸漸售出，到了賣場剩下兩盒時，後場才會開始製作新的生魚片。要是加工的速度太慢，商品可能會在補貨前就售罄，導致門市錯失銷售機會；反之，要是員工認為之後生魚片銷路也會同樣暢旺，於是在剩下兩盒時開始加工補貨，沒想到突然下起一陣大雨，來客頓時歸零，那麼追加製作的那些商品，就全都成了浪費。

如果加工速度夠快，那麼追加生產與否，可以等到店頭陳列的商品快要賣完之際再做決定。這一點在來客人潮尖峰的傍晚或打烊前，尤其重要。

◇在門市裡設置工廠

關西超市想到了這麼理想的方法，緊接著又在執行面上出現了問題——究竟該由誰、在哪裡進行銷售、加工、補貨的循環？該如何執行？關西超市提出了一個在當年堪稱是打破傳統，但其實極為合理的方法。

關西超市想到的，是讓正職員工和計時人員來進行這一連串的作業。如今看來或許相當稀鬆平常，但在關西超市推動這項措施的一九六〇到七〇年代，大眾深信只有蔬果店、魚販和肉商等具備專業知識和技術的師傅，才有能力處理生鮮食品。所以早期食品超市的生鮮食品也不是直營，而是請這些專賣店進駐超市設櫃，或以高

薪聘請相關專業的師傅。

　　然而，這些方法的成本太高，效率不彰。更重要的，是達不到關西超市想迅速落實「銷售、加工、補貨」循環的目標。於是關西超市開始思考能用什麼方法，讓正職員工或計時人員能在受過短期訓練後，就能承擔這些以往由師傅負責處理的工作，而且做得更快更好。一言以蔽之，就是要在超市的門市裡，打造一套如工廠般的機制。

　　第一個方法是作業分工。關西超市把生鮮食品的加工作業，分給好幾位員工來分攤。就像汽車組裝時，組裝人員會分區負責輪胎、方向盤、座椅等的組裝工作那樣。以製作生魚片為例，就會分為：①將魚以三片切法剖開後，再切成魚磚的人；②用魚磚切出生魚片，再放到托盤上擺盤的人；③在托盤上覆蓋膠膜，包裝妥當後再貼上價格標示的人（照片 7-2）。

　　這樣一來，超市員工和計時人員的作業速度，就會比專業師傅獨力完成所有處理工序的速度，更快上好幾倍。原因很簡單——只要一再操作同樣的作業，完成度就會變高，速度也會變快，還能以穩定的節奏作業，所以效率很高。如果有位員工每天只要負責煎荷包蛋，那麼他煎荷包蛋的技術，進步得一定會比那些既要煎荷包蛋，

【照片 7-2　在後場進行生魚片的加工作業】

資料來源：作者拍攝

又要做漢堡排、炸蝦的人快。兩者道理是一樣的。這種在工業產品生產上早已司空見慣的分工系統，與門市的後場作業結合之後，讓以往大眾認為難度很高的專業工作，得以成功交由超市員工處理（專欄 7-1）。

第二個方法是生產線上的作業方法。負責處理各個工序的人員，最好盡可能待在指定的工作台前不動，才能在一定的節奏下持續進行加工作業，以確保效率。不過，既然是分工作業，當工序 A 的作業結束之後，就必須將加工到一半的商品（半成品）搬運到下一個工序 B 才行。

以汽車工廠為例，由於所有作業都在輸送帶上進行，因此半成品會自動流向下一道工序，直到全部加工作業完成為止。然而在食品超市的後場裡，並沒有那麼寬敞的空間，況且超市處理的商品是少量多樣，就算製作生魚片的標準作業程序都一樣，製作出來的商品有鯛魚也有鮭魚。用固定式輸送帶在同一時段進行這些加工作業，反而效率更差。

於是關西超市研發出了一款裝有輪子的搬運機具，名叫「台車」（照片 7-3）。加工尚未完成的所有商品，都用這種台車來搬動。如照片所示，一輛台車分為八層，每層可放進一個抽取式的托盤。完成該階段加工程序的半成品，就放在托盤上，擺滿一個托盤之後，就可以把它放進台車的第一層。台車的多層設計，讓後場即使同時加工好幾種商品，也能有條不紊地將半成品送往下一個加工程序。

而最後一道工序，就是以專用機器包裝貼標。完成之後，員工就可以直接推著台車走向賣場。通往賣場的入口，就是本章一開始提過的那道「銀色大門」。

第7章

專欄 7-1

作業標準化

「將一項作業劃分為幾個工序，再由多人分工作業，就能大幅提高生產力」的論述，其實亞當斯密早在一七七九年寫下的《國富論》當中就已提過。後來到了二十世紀初期，這個概念才由知名的福特系統（Ford system）實現，並廣為世人所知。而和這一套分工互為表裡的，其實就是「作業標準化」的概念。

所謂的標準化，就是訂定多人或多家企業共事時的規則。以「剖魚」為例，同樣一條魚，剖的方法會因人而異。如果只是單人作業，倒還無傷大雅；多人作業時，各自為政會影響作業速度和商品品質，對企業而言可是一大麻煩。因此企業會仔細分析整套作業，訂定規則，好讓每一個人都能以同樣速度操作，並得到同樣品質。將這些規則白紙黑字寫下來，就成了所謂的標準作業手冊。

對於負責作業的人員而言，標準化固然重要，但在每位作業人員的溝通上，標準化的重要性更是不容小覷。舉例來說，完成單項處理作業後的半成品，究竟要如何交接？萬一出問題時，該以什麼方法通報誰？若不明訂出這些規則，即使建立了完整的分工制度，也只不過是紙上談兵罷了——不僅效率難以提升，作業人員還要花時間彼此協調，效率反而更低落。

近年來，很多人都指出了標準作業式經營的弊病：過於依賴標準作業手冊的員工，不再自行動腦思考，導致組織團隊跟不上市場的變化。完全仰賴標準作業手冊固然不好，但也不能因此就否定「標準化」這一套分工規則。分工和標準化，兩者關係密不可分，不容切割。

【照片 7-3　台車】

資料來源：作者拍攝

多虧有了這一款台車的發明，讓後場的員工幾乎都可以待在固定位置作業。況且後場的作業空間本來就很有限，在空間使用效率的規劃上已很吃緊，如果員工還要為了搬運半成品而頻頻走動，將導致作業效率變差。不過，只要用這樣的多層台車來搬運，就能將員工的走動次數控制在最低限度，放置半成品的空間也可以更精省。這種運送方式既然不是用輸送帶，所以也有人稱它是台車輸送。

關西超市的這些巧思，先是運用在技術門檻較低的蔬果區，接著又導入海鮮區，再逐步擴大到難度最高的肉品區。過程中關西超市不斷累積無數智慧，例如鮮度管理方面的知識、方便台車移動的門市設計，以及專用機器的研發等。這些知識與設備，透過關西超市主辦的講習活動，和業界雜誌的專題報導等媒體傳播之下，逐漸在全國的食品超市普及，讓食品超市的店頭，總能以方便你我選購的形式，擺滿新鮮又豐富的生鮮食品。

3. 食品超市經營的關鍵

讀到這裡，各位有什麼感想呢？這裡討論的，是各位以往不曾親眼見識過的後場，或許各位不太能萌生切身的感受，也可能尚未完全理解。不過，從關西超市的後場革新案例當中，我們學到最重要的一件事，就是食品超市不只是「賣東西的」，而是高度系統化的生鮮食品「製造零售業」。

所謂的製造零售業，即銷售自製商品的零售業者，「優衣庫」（迅銷股份有限公司）就是一個知名的案例。優衣庫透過嚴格管控從商品生產到銷售的一連串流程，才得以供應物美價廉的優質商品。

就事業機制而言，包括關西超市在內的食品超市業者，其實就和優衣庫一樣——因為超市業者就是向生產者或市場採購生鮮食品等「原料」，再加工成獨家商品來銷售。只不過，優衣庫賣的商品，是不會腐敗的服飾，故可一口氣大量生產，提高生產效率，接著就只要傾全力銷售即可。而食品超市經手的生鮮食品，都有「鮮度」這個棘手的問題，不適用優衣庫那種單純的產銷方法。或許有很多人都認為食品超市裡多半是粗重的工作，說穿了就是個體力活。這個面向的確也是事實，但它其實也需要研擬縝密的事業機制，並在營運上發揮巧思，是很不簡單的一門生意。

而後場就是產銷調度時的總司令，負責協調「效率」和「鮮度」這兩個互相矛盾的問題，讓顧客滿意度和企業獲利得以並存，扮演著關鍵性的角色。若從這個角度來思考，各位應該就不難理解：在食品超市的經營上，後場的功能堪稱舉足輕重。提到食品超市的經

營，我們總會聚焦在採購和銷售的問題上，認為要以最便宜的價格，採購到優質的商品，用心安排精緻的陳列和宣傳等銷售手法，才是推升業績和競爭力的根本。然而，介於採購進貨與銷售之間的後場，能賦予商品更多新的價值，保障花俏光鮮的銷售活動，能確實為業者帶來獲利。正因如此，後場的營運巧拙，其實對食品超市的業績好壞影響甚鉅（專欄 7-2）。

第7章

專欄 7-2

便利商店的生鮮食品銷售

近年來，銷售生鮮食品已不再是食品超市的獨門生意。舉凡公路休息站「道之驛」、高速公路的休息站，甚至是折扣商店等通路，都開始賣起了生鮮食品。其中動作最積極的，就是當今物流業界的武林盟主——便利商店。例如大型便利商店連鎖羅森，就另立了一個生鮮便利商店品牌「羅森商店 100」（LAWSON store 100），在店內賣起了蔬菜水果。其他連鎖便利商店也紛紛賣起了蔬菜水果，並逐漸擴大到更多門市。便利商店搶食生鮮食品的銷售市場，究竟會不會對食品超市造成威脅？

要回答這個問題，關鍵在於便利商店賣的生鮮食品品項。目前便利商店在生鮮方面的品項，還是偏重於蔬果類，而且是真空包裝的分切蔬菜、根莖類和水果。便利商店這種商業模式的經營重點之一，在於確實降低庫存量。要在空間非常有限的門市裡，銷售 2,500 個品項的便利商店，不可能在店內保留大面積的後場，因此它們銷售的生鮮食品，也必須在中央處理廠統一加工，再以少量、多次的方式，配送到各門市。現階段所銷售的這些品項，都是較能保鮮的商品；反過來說，除非是店裡就有廣大後場空間和各式設備的食品超市，否則很難處理那些鮮度會迅速流失的葉菜或鮮魚等品項。因此，目前便利商店在生鮮食品方面，還很難威脅食品超市的地位。

不過，便利商店的確擁有很完善的物流系統。舉例來說，7-Eleven 已打造多溫層共同配送系統，將米飯、鮮食、冷凍等需要溫度管理的商品，依不同溫層需求設置物流中心，再將各家廠商的商品，從這些物流中心一起配送出去。倘若便利商店能運用這方面的相關知識，找個地方統一加工生鮮食品，並在保持合適溫度的狀態下，將加工過的商品配送到各門市，勢必會成為一個對市場極具威脅的強力武器。

4. 結語

就食品超市的經營而言,最重要的,莫過於是讓商品搭配、鮮度、品質和價格一年到頭都「穩定」,365 天都維持在極佳狀態。顧客對食品超市的期待,就是每天供應三餐所需的食材。他們想買的,並不是百貨公司地下街賣的那種名牌農產或高級食材,而是天天都要端上餐桌的那些普通蔬果、魚肉。

如果是罕見的食材售罄,顧客還會覺得「無可奈何」。即使是前一天還剩下滿坑滿谷,到了隔天就賣得一個不留,說不定顧客還會願意原諒。然而,如果是一般的日常食材售罄,可就是個「不得了」的問題了——因為顧客相信這些商品每天從開店到打烊,一年365 天「隨時都買得到」。品質和鮮度也一樣,越是每天要吃下肚的東西,顧客越會期待它們常保一定水準的品質和鮮度,價格更是必須穩定。你我都希望商品賣得越便宜越好,但平常賣 100 日圓的蕃茄,要是價格波動劇烈,明天賣 60、後天賣 200,有時候也會讓我們覺得很傷腦筋。要是售價和我們的預期落差太大,不僅會打亂菜色安排,更嚴重的,是會拖延我們購物的時間。

長期維持穩定,比不斷地推出新花樣的難度更高。食品超市扮演的角色屬於前者,也就是要讓顧客隨時都能放心地買到日常餐點所需的材料。樸實無華的食品超市,其實天天都在為了「放心」這個難題而努力;而在幕後支持食品超市營運的,就是自家的後場。

❓動動腦

1. 找一家附近的超市，在不同時段上門，看看生鮮食品區的商品搭配和鮮度，有沒有什麼不同？如果有，想一想為什麼會出現這樣的差異？

2. 問問家人或朋友，探詢他們對附近的食品超市有何評價？尤其要留意他們對「新鮮」和「商品售罄」的看法，想一想不同族群對這兩個項目的重視程度高低有何不同？

3. 關西超市選擇在每家門市的後場加工生鮮食品，而有些食品超市則是會設置大型的加工處理中心，採用「中央處理式」的做法，把多家門市的加工作業整合在一處進行。這種做法有什麼優、缺點？

主要參考文獻

安土敏《日本超級市場原論》，1987 年。

石井淳藏、向山雅夫編著《流通體系系列 1 零售業態革新》中央經濟社，2009 年。

加護野忠男《競爭優勢系統：事業策略的寧靜革命》PHP，1999 年。

進階閱讀

☆想從包括像後場這種幕後工作在內的零售業者綜合能力、事業機
　制等觀點來學習：

　加護野忠男、井上達彥《事業系統策略》有斐閣，2004 年。

☆想從經濟小說當中學習食品超市的經營，以及相關的業界知識：

　安土敏《接班人》鑽石社，2008 年。

☆據說享譽全球的「豐田式生產」，靈感是來自食品超市的後場營
　運。若想更進一步了解「豐田式生產」的詳情：

　大野耐一《追求超脫規模的經營：大野耐一談豐田生產方式》中
　衛出版，2011 年。

第7章

第 8 章

供應商關係與運籌

第1章
第2章
第3章
第4章
第5章
第6章
第7章
第8章
第9章
第10章
第11章
第12章
第13章
第14章
第15章

1. 前言

「今天的晚餐該煮什麼好呢？」清晨，家人都還沒起床，媽媽一個人站在靜悄悄的廚房裡嘀咕著。今天是六月的第三個星期日，也就是「父親節」。「好歹今天要犒賞他一下吧」媽媽一邊想，一邊把目光望向了附近某家食品超市的傳單──沒想到傳單上竟寫著斗大的標題：「父親節專區」。媽媽又仔細地看看內容，發現上面有幾張看來稍顯高級的牛排照片，旁邊寫著「國產牛」、「鹿兒島和牛」，還附上了一句「爸爸，謝謝你。今晚我們吃牛排」。「偶爾吃一下好像也不錯。難得今天全家都在，晚餐就稍微奢侈一點，吃個牛排吧。」

這種為家人考慮晚餐菜色的場景，每天早上可能都會在很多家庭上演。其實這項家務，遠比想像來得辛苦。就算廚藝再怎麼高超，要安排、準備出全家人一年 365 天都吃不膩的菜色，辛苦程度恐怕還是非同小可。

能幫我們解決這個煩惱的靠山，就是食品超市。它會透過店頭促銷和商品搭配，告訴我們今天有什麼食材可供挑選，或是直接給我們烹調手法、菜色安排上的靈感。準備每日餐點時，都可以參考這些建議方案。

不過，請各位再仔細想一想：如果人都到了店裡，卻找不到在夾報傳單上看到的商品，那會怎麼樣呢？當然我們就買不到那項商品了。媽媽好不容易才想到「今晚就吃牛排吧」這個妙點子，也會化為泡影。

這裡我們可以看出食品超市的另一個可靠之處，那就是它會確

實在店頭備妥這些廣告商品，讓我們可以實際買得到。換句話說，「在必要的時間點，從日本全國各地，甚至是從全世界找來需要的食材」這項艱鉅的任務，食品超市都替我們打點好了。所以我們才能依照業者的建議，實際烹煮出那些菜色。

在本章當中，我們要來看看在這些店頭促銷背後的商品流動。而我們要探討的企業案例，是生活企業股份有限公司（以下簡稱「生活企業」）。就讓我們透過它的例子，想一想零售業者在物流當中運用了哪些巧思和機制。

第**8**章

2. 生活企業推動的措施

◇生活企業概要

想必很多人都曾因為「找到四葉幸運草的人，就會有好運」這個傳說，而在公園裡、河堤邊走來走去、到處尋覓。而以四葉幸運草作為企業標誌的超市連鎖，就是生活企業。店名「生活」（LIFE）當中，蘊涵著「為人們豐饒而幸福的『生活』做出貢獻」的期許。

〔生活企業概要〕（2011 年 2 月資料）

公司名稱	生活企業股份有限公司
年營收	466,895 百萬日圓（2010 年 3 月～ 2011 年 2 月）
門市家數	215 家（近畿地區 121 家，首都地區 94 家）
員工人數	18,163 人（計時人員以 8 小時為 1 日換算）
總公司所在地	東京都中央區日本橋本町二丁目 6 番 3 號

資料來源：作者編製

生活企業於二○一一年歡慶 50 週年。當初的第一家門市，是在一九六一年開幕的豐中店（大阪府）。截至二○一一年二月底，近畿地區已有 121 家門市，首都地區則為 94 家門市，合計共有 215 家門市。在如今這個人稱消費緊縮的嚴峻狀態下，仍能一路穩健保持業績水準（請參考圖 8-1）

　　生活企業能維持穩健業績的背景，在於他們致力於「站在顧客的立場，落實超市該做好的『基本事項』」的態度。自二〇〇八年三月起展開的「第三期3年中期計劃」當中，生活企業為了「成為值得顧客信賴的商家」，提出了業務改革、物流、資訊系統、顧客滿意度（CS）、成本改革、人事改革等「12項課題」，推動解決這些課題的相關措施。

【圖 8-1　生活企業的業績推移】

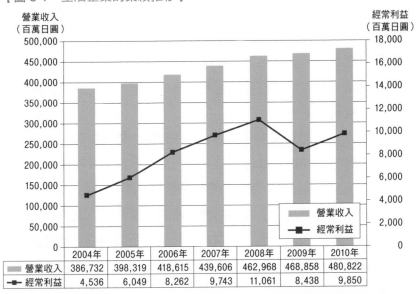

	2004年	2005年	2006年	2007年	2008年	2009年	2010年
營業收入	386,732	398,319	418,615	439,606	462,968	468,858	480,822
經常利益	4,536	6,049	8,262	9,743	11,061	8,438	9,850

※ 各年度結帳日均為隔年 2 月底

資料來源：作者根據「生活企業股份有限公司有價證券報告書」（第 52 ～ 56 期）編製

第**8**章

◇店頭促銷上的巧思

在這一波改革當中，我們要先來看的是促銷方面的改革，也就是生活企業在店頭推薦上所做的努力。

食品超市所做的，並不只是把採購來的商品隨興擺在店頭，而是要打造「掌握顧客需求，安排不亞於其他商家的商品，同時還要確保自身獲利」的賣場。能做到這一點，才能提得出讓顧客心滿意足的方案。

為了達到這樣的促銷水準，生活企業自二〇〇六起，即推動「52週商化（MD）」專案。所謂的「52週商化」，就是總部要先參考往年的銷售數據，訂定每週（1年＝52週）的重點商品，並且明確地通知門市。而各門市在接到通知之後，便開始進行賣場的陳列規劃，全力推銷重點商品。

以本章開頭的那個例子來看，6月的第3週就要以「父親節」為題，在各門市向顧客進行牛排和燒肉的重點推薦。不過既然每週都要促銷，主題當然就不限於這些特殊節慶。例如以當令時鮮為題，推出「冬天就是要吃鍋」之類的食材建議，或是以「北海道專區」等地區特性炒熱話題，推薦相關食材。生活企業透過這些措施，讓顧客每週上門消費時，都能得到不同的靈感。

此外，對門市而言，「訂定重點商品」是一個很有意義的舉動。從門市的角度來看，等於每週都可以有一批「一定要向顧客推薦」的商品，讓員工積極地去介紹、推銷。大家一起朝目標努力之後，若真的衝高了銷量，就能更提高員工的幹勁。

　　「52 週 MD」除了可以透過促銷活動，達到銷售面的效果之外，也能整合總部和門市或各區賣場之間的意識，對組織面上也有助益。生活企業會在超市店頭進行商品推薦，背後其實是有這些催生促銷巧思的措施在運作。

資料來源：生活企業股份有限公司

第8章

3. 改革物流體系

◇支援店頭巧思的各項努力

這裡再讓我們想一想：在店頭為消費者做購物方案建議，只要有各門市的用心巧思，就能把事情做好嗎？我們舉個例子，來看看以下這個狀況該如何解讀：「業者構思了一套給顧客的購物方案和重點商品，員工也做好了萬全的準備，要在賣場陳設、佈置，可是商品卻沒送到……」

各位一定猜到了，要讓店頭的促銷企劃展現成果，讓我們的提案內容得以實現，門市就必須下單進貨，把我們在建議購物方案中所需的商品找來，並且實際送到各門市才行。而其中的關鍵，就在於「物品流動（物品移動）」的相關活動上，我們稱之為「物流」或「運籌」（請參考專欄 8-1）。

生活企業在推動包括 52 週 MD 在內的促銷改革之際，同時還有一項積極加速推動，並列入「12 項課題」之一的政策，那就是「整頓物流體系」。生活企業的展店目標是 250 家門市，於是他們選擇將物流處理能力，擴充到可因應 270 家門市（近畿地區 150 家，首都地區 120 家）需求的水準，以保留更多彈性。以下我們就聚焦生活企業在近畿地區的業務發展，來看看他們為整頓物流體系，推動了哪些措施。

專欄 8-1

物流與運籌

「物流」是聯結生產與消費的活動，它的功能之一，就是透過商品的買賣，把「可自由消費該項商品的權利」，也就是把所有權從賣方轉移到買方手上。不過，光是轉移所有權，商品仍不能供所有權人自由消費——因為要自由消費，就必須把商品實際送到買方手上才行。而這些與商品的物理移動、管理相關的各項活動，就是「物流」（物品流通）。

物流可分為「空間的移動」和「時間的移動」。例如把在北海道捕撈到的魚，送到超市的門市去，就是「空間的移動」，我們稱之為「運送」或「配送」；而讓在北海道捕撈到的魚，三天後陳列在店頭時，仍能品嘗到它的新鮮美味，就是所謂「時間的移動」，我們稱之為「倉儲」或「保管」。建置各類物流中心或配送體系，其實就是在試圖整頓物流的這些功能。

相對的，所謂的運籌（logistics），其實原本是來自「後勤」（military logistics）這個軍事用語，意指從後方支援軍隊作戰、行動的機構或任務。在流通術語當中，運籌的意思，是指「（被定位在企業活動的

【圖 8-2　運籌與物流的關係】

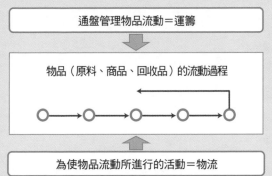

資料來源：中田信哉《運籌入門》日本經濟新聞社，2004 年，第 41 頁

最前線）綜合考量原料的採購、生產到銷售的物流活動，擬訂高效率、高效能的物流計劃，並實際運用、管理，以迎合顧客需求的活動」。

為使這項綜合性的活動得以順利運作，業者必須即時掌握個別活動的進行狀況，同時進行整合性的管理與運作。就這一層涵義而言，資訊的系統化或網路化，是實現運籌管理的基礎。

◇生活企業既往的物流體系

以往，生活企業在近畿地區的門市版圖，主要是集中在 2 府 2 縣（大阪府、兵庫縣、奈良縣、京都府）內擴展。而物流據點則是隨著門市的增加而逐步增設，到二〇〇四年時，已設立「生活南港物流中心」、「生活南港第 2 物流中心」、「生活天保山物流中心」、「生活堺物流中心」和「生活鳥飼物流中心」這五個物流據點。

一般而言，物流中心可以分為幾種不同的類型（請參考表 8 -

【表 8-1　倉儲、物流中心的主要類型】

倉儲中心主要類型	配銷中心（distribution center，簡稱 DC）（倉儲型）	用來存放貨品的倉庫。
	轉運中心（transfer center，簡稱 TC）（通過型）	用來改換包裝或理分貨的倉庫。
	加工處理中心（process center, 簡稱 PC）	用來加工商品的倉庫。
	退貨處理中心	用來接收或再生處理退貨的倉庫。

依溫層區分的物流中心類型	常溫物流中心	存放加工食品和飲料等商品的倉庫。
	冰溫（低溫）物流中心	存放生鮮三品、日配品和冷凍食品的倉庫。

資料來源：作者依角井亮一《零售、流通業不可不知的物流知識》商業界，2011 年，第 35、37 頁內容補充編製

1）。首先，若以功能別來區分，有用來存放貨品的「配銷中心」（distribution center，簡稱 DC）（倉儲型），用來改換包裝或理分貨的「轉運中心」（transfer center，簡稱 TC）（通過型），以及用來加工商品的「加工處理中心」（process center, 簡稱 PC）。

再者，物流中心還可以用溫層來區分。在這種分類方式之下，物流中心可分為存放加工食品和飲料等商品的「常溫物流中心」，以及存放生鮮三品、日配品（除了生鮮之外，需要每日配送到店，且需管理鮮度的食品）和冷凍食品的冰溫（低溫）物流中心。

就這樣的分類來看，我們可將生活企業的那五個物流據點整理如下：首先看到生活南港物流中心，它是兼具加工功能的通過型低溫物流中心；再者，「生活第 2 南港物流中心」和「生活天保山物流中心」則是通過型的低溫物流中心；「生活堺物流中心」和「生活鳥飼物流中心」則是通過型的常溫物流中心。生活企業一路以來，都配合門市的增加狀況，開設具備各種不同特質的物流據點，以因應每天的物流業務需求。

然而，狀況是會改變的。首先，在預估未來店數還可望再增加的情況下，生活企業需要建置能更快速因應事業成長的物流體系；再者，門市促銷等措施操作得越來越細膩，生活企業最好能更積極建置一套可支援門市業務的體系。在這些條件需求的綜合評估下，生活企業祭出的改革，是「建置物流體系」。

◇建置新的物流體系

　　二〇〇九年，生活企業開始著手推動物流體系的改革。由於推動了這項改革計劃，生活企業才在二〇〇九年十月，建置了新天保山低溫物流中心（通過型低溫物流中心及農產中心）和住之江物流中心（通過型常溫物流中心及倉儲型常溫物流中心），還在二〇一〇年三月設立了堺低溫物流中心（通過型、低溫物流中心）。此外，生活南港加工處理中心也在同年十一月開始營運，是一個獨立的加工處理中心。相較於既往的物流體系，生活企業這一次所做的變動，主要可分為三大方向（請參考圖 8-3）。

【圖 8-3　重新建置近畿地區的物流體系】

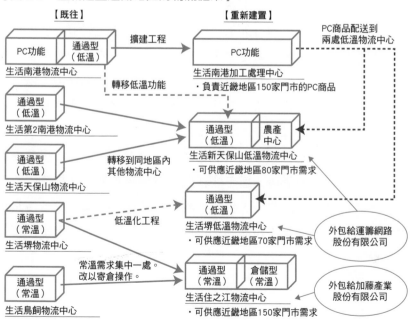

資料來源：作者根據生活企業股份有限公司新聞稿及《LOGI-BIZ》2010 年 1 月號資料編製

　　第一個變動是把原有的 5 個物流中心集中到 3 處，並依功能需求重新整併。生活企業把原有的「生活南港物流中心」、「生活第 2 南港物流中心」和「生活天保山物流中心」這三個通過型低溫物流中心的業務，整併到生活新天保山物流中心（通過型低溫物流中心暨農產中心）；還把「生活堺物流中心」和「生活鳥飼物流中心」這兩個通過型常溫物流中心，整併到生活住之江物流中心（通過型常溫物流中心暨倉儲型常溫物流中心）；另外，生活企業再於堺物流中心加裝低溫設備等，重新改裝成通過型低溫物流中心。集中物流據點，並依倉儲功能重新整併物流中心的措施，除了要讓各據點的功能更升級之外，也是為了整頓生活企業的物流體系，以期能更有效率地因應門市等物流需求。

　　第二個變動是開設加工處理中心，以支應各門市的促銷需求。生活企業以原本就可執行加工作業的「生活南港物流中心」進行擴建，並強化它的功能，讓生活南港加工處理中心成為一個可獨立作業的據點。加工處理中心負責的，是貼價格標、蔬果分切，以及生魚片包裝等商品加工作業。整建加工處理中心之後，那些原本在各門市後場進行的加工作業，就能統一加工、配送。生活超市固然不是把所有加工作業都轉移到這個物流中心來進行，不過，只要妥善運用，例如「只留最後一道工序在門市處理，其他都在物流中心完成」，就能維持商品鮮度，也能大幅提升門市的作業效率。這其實就是在打造一個後勤支援體系，以便在物流階段為各門市提供直接的協助。

【照片 8-2　生活南港加工處理中心的外觀與加工作業】

資料來源：生活企業股份有限公司

　　第三個變動，是將貨運配送集中發包給一家業者。以往，生活企業旗下的每家物流中心，都各有合作的貨運業者。所以貨車的出車多寡、繁忙與否，會因各物流中心的運作狀況而有所不同。生活企業認為，改以整個近畿地區為單位，統一管理車輛調度，可望提升車輛的使用效率——他們的目的，不只是要提升每趟車的平均裝載效率，更要在一定程度的行駛距離內，提升每趟車的裝載效率。

　　物流體系的重新建置，是讓各種店頭促銷的巧思創意得以實際執行的基礎。

第 **8** 章

4. 建構運籌的基礎

◇「運籌」觀點

前面我們看了生活企業推動 52 週 MD 等店頭促銷措施的背後，有著大刀闊斧物流體系改革在支撐。不過，生活企業所做的改革，其實並不僅止於「物流」，而是重新建構了一整套從商品採購到銷售的流程。

超越單純的「物品管理」，以整體性、系統性的方式，管理、操作物品從生產、採買到銷售的一連串流程，就是所謂的「運籌」（請參考專欄 8-1）。生活企業在整頓物流體系的同時，還建置了運籌的基礎。這裡我們就來看看生活企業所推動的改革當中，不僅與物流體系的整頓直接相關，也攸關日後運籌發展的兩項措施——重新建置資訊系統，以及與供應商之間的合作。

◇重新建置資訊系統

生活企業在整頓物流體系的同時，還推動了一項重點改革，那就是「重新建置資訊系統」。該公司不惜投入約 50 億日圓的經費，於二〇〇九年十月時，重新建置了內部的核心系統。

經過這一波核心系統的重新建置後，包括自動訂購系統在內的門市輔助系統也全面更新。所謂的自動訂購系統，就是當商品售出一定數量時，系統就會自動下單為該品項補貨，不必仰賴人工。自動訂購系統涵蓋的品項，包括飲料、零食等加工食品，以及面紙等生活雜貨，它們為生活超市貢獻了約三成的年營收。導入新系統之

後，除了可以即時下單叫貨之外，還可望大幅縮減員工花在處理商品訂購業務上的時間。

此外，新系統上還搭載了一項功能，能讓公司與廠商議價後的價格，即時反映在店頭的價格上。有了這項功能之後，假設上午與廠商議定採購進價調降 10 圓，最快當天中午就可以調降門市的商品售價。

就這樣，生活企業大刀闊斧地更新了核心系統，為日後發展店頭促銷奠定了基礎。

◇與協力廠商合作

為因應運籌上更多樣而複雜的課題，與各方有關單位之間的「合作」，也就是相互配合、解決問題的努力，當然不可或缺。而生活企業也不例外，在改革的過程中，他們不斷地與協力廠商等各方有關單位合作。

以剛才介紹過的物流體系運用為例，生活企業就和日本的大型食品經銷業者等合作，靈活運用外包機制，將部分業務交給專業廠商處理（請參考圖 8-3）。所謂的「外包」，就是將自家公司的業務交給外部廠商代辦。生活企業將商品的配送、管理，以及理分貨等作業外包給專業廠商辦理，是希望能藉此提升各項物流業務的效率與效能。

另外，在店頭促銷和商品搭配方面，則由生活企業與製造商共組「MD 協議會」，合作辦理相關業務。由生活企業提供商品的銷售數據給製造商，製造商則依數據資料，向生活企業提出各種建議

第8章

方案。從生鮮、日配品到加工食品，總計共有大型和中小等數十家製造商參與協議會，每個品類都有製造商企業擔任召集委員，向生活企業提出各項活絡賣場的建議（請參閱專欄 8-2）。

此外，零售業者也會彼此合作。例如由生活企業、平和堂、大桑、泉等全國 18 個連鎖零售通路，以及 3 個生協超市所組成的「日流集團」（Nichiryu Group），旗下成員所推動的各項活動，就是屬於這一類。舉凡集團原創品牌「生活 more」的商品研發、銷售，或是運用集團整體規模共同採購商品、合購門市設備用品，或是會員企業之間的資訊交流等，都一直持續進行。

就這樣，生活企業在整頓物流與資訊系統的同時，也持續推動與製造商、批發商和零售業者等相關單位的各種合作。而這些努力，也成了店頭推動促銷與商品組合變化的基礎，甚至還讓我們的飲食生活變得更豐富、更歡樂。

專欄 8-2

品類管理上的合作

由零售業者和協力廠商（製造商和批發商）合作，在店頭打造出最理想的賣場——在這一類的手法當中，「品類管理」（category management）尤其聞名。

這裡所說的「品類」，是以「滿足消費者上門動機或需求的單位」為標準，所劃分出來的商品群；而「品類管理」的概念，則是要以品類為單位，規劃出符合消費者來店動機的賣場陳設。

其實不只超市會做品類管理，像其他大型零售業在店內推出的「寵物專區」、「寶寶主題區」等，也都是屬於品類管理的範疇。這些賣場陳設，並不是只把寵物用品或嬰兒用品集中在一處，而是會先仔細研究目標客群會上門光顧，是為了想解決哪些課題，再依此安排商品搭配或賣場陳設；還有求職專區也是，除了擺出套裝、皮鞋和公事包之外，還把平常陳列在其他各區的暖暖包、防水噴霧、印章盒、電子手帳等相關商品都湊在一起，甚至還準備了面試秘笈等，呈現出一個迎合準新鮮人各式求職需求的綜合賣場。

要做到這樣的管理，靠的不只是零售業者的努力，還要結合製造商和批發商，充分運用彼此的專業能力，廣泛蒐集多方數據才行。沃爾瑪（Walmart）和寶鹼（P&G）的「策略聯盟」，可說是這種合作機制的先驅。其他還有像是花王集團旗下的銷售公司——花王客戶行銷，與數百家零售業者建立合作關係等措施，發展得比超市更蓬勃。

第 **8** 章

5. 結語

食品超市是你我飲食生活上的靠山，為我們提供許多飲食相關的建議方案。在這些建議方案的背後，有著店頭促銷和商品搭配上的巧思，以及幫助這些巧思得以實現的「物品流動」。

在本章當中，我們就從上述這樣的觀點，以生活企業為例例，看超市在店頭促銷上的創意巧思，以及在背後支撐這些活動運作的物流體系。另外，我們也聚焦在資訊系統的重新建置，以及生活企業與協力廠商之間的合作，探討生活企業如何建置出一套超越單純物流、達到「運籌」等級的基礎系統。

這些基礎系統的建置，為生活企業後續的佈局開啟了更多可能。生活企業也期盼以這一波基礎整建為出發點，更積極推動其他發展措施。

？動動腦

1. 查一查哪些商品是食品超市的重點商品，再想想為什麼它們會被列為重點商品？

2. 被食品超市列為重點商品的那些品項，是從哪裡採購而來？又是如何配送到超市的？

3. 試想企業將自家業務外包時，會有哪些優點和缺點？

主要參考文獻

麻田孝治《策略性品類管理》日本經濟新聞社，2004 年。

角井亮一《零售、流通業不可不知的流通知識》商業界，2011 年。

鈴木哲男《52 週商化》生協出版，2004 年。

中田信哉《運籌入門》日本經濟新聞社，2004 年。

原田英夫、向山雅夫、渡邊達朗《基礎流通與商業（新版）》有斐閣，2010 年。

第8章

進階閱讀

☆想更廣泛學習物流的基礎知識，和物流業界的專業術語：

　角井亮一《零售、流通業不可不知的流通知識》商業界，2011 年。

☆想更深入學習物流和運籌的概念：

　中田信哉《運籌入門》日本經濟新聞社，2004 年。

☆想更深入了解品類管理：

　麻田孝治《策略性品類管理》日本經濟新聞社，2004 年。

第9章

零售業的商品研發

第1章
第2章
第3章
第4章
第5章
第6章
第7章
第8章
第9章
第10章
第11章
第12章
第13章
第14章
第15章

1. 前言

通常，各位在聽到「商品研發」時，馬上會聯想到的，應該是製造商（廠商）的活動；而超市這種零售業者的業務，一般人會認為是採購各家製造商所研發、生產的商品，並以此安排門市的商品搭配，進而將商品賣給消費者。

大眾基於對製造業和流通業者基本分工的認知，而產生了這樣的印象差異。在前面各章當中，我們探討了超市採購與銷售方面的各種機制，也都是建立在「銷售製造業者所生產的商品和生鮮三品」這個前提之下。

不過，各位是否曾看過超市店頭的貨架上，陳列著一些看似是由零售業者自行研發的商品呢？若製造商的商品和生鮮三品，無法提供消費者完善的價值，且難以讓零售通路確保獲利時，零售業者可能就會選擇自行研發商品。尤其是較具規模的零售業者，自行研發加工食品、日用品和服飾等品類商品的案例，更是屢見不鮮。

在本章當中，我們要透過「CGC 集團」的案例，來學習為何零售業者要選擇自行研發商品。

2. CGC集團的商品研發

◇CGC集團企業概要

　　首先，讓我們先簡單瀏覽一下 CGC 集團的企業概要。「CGC」是取「Cooperative Grocer Chain」（合作、雜貨、連鎖）的字首而成，是由日本全國各地中小型超市所組成的合作加盟連鎖（cooperative chain）。

　　所謂的合作加盟連鎖，就是同一業種的獨立零售業者，為方便在各種事業活動上合作，所組織的連鎖。零售業者（尤其是規模不大者）透過與其他多家同業共組合作加盟連鎖，就可以投資難以獨力負擔的設備，或可撙節較多成本等。以 CGC 為例，集團以①商品研發、調度（採購），②物流系統，③資訊系統和④營業輔導（促銷或員工教育）等四大面向的活動為主軸，共謀發展。

　　整個連鎖是由 CGC 日本股份有限公司（登記在東京都新宿區）負責扮演連鎖總部的角色。CGC 集團是加盟連鎖的眾多零售業者，再加上這個連鎖總部的統稱。截至二〇一一年五月，CGC 總部的員工人數共有 352 人；根據二〇一二年四月一日的統計顯示，加盟 CGC 集團的企業家數為 225 家，總計共有 3,715 家門市。另外，再從年營收來看，總部的營收約為 7,721 億日圓（二〇一〇年三月至二〇一一年二月），而集團總營業額則為 4 兆 2,276 億日圓（截至二〇一二年四月一日統計數字），是日本規模最大的合作加盟連鎖。

第 9 章

　　CGC 集團匯集了各種不同規模的零售業者，旗下的加盟企業遍佈日本全國各地，年營收從 20 億日圓到 3,000 億日圓不等。其中較具代表性的企業，包括勞滋（RALSE，北海道）、里昂朵爾（LionDor，福島）、丸茂超市（marumo，茨城）、三德（東京）、奧林匹克（Olimpic，東京）、成城石井（神奈川）、荻野（山梨）、兼末（kanesue，愛知）、丸安（maruyasu，大阪）、富雷斯塔（廣島）、西鐵商店（nishitetsu store，福岡）等。其中成城石井、荻野和富雷斯塔，都會在本書的其他章節當中介紹。

【圖 9-1　CGC 日本股份有限公司總部的營收推移】

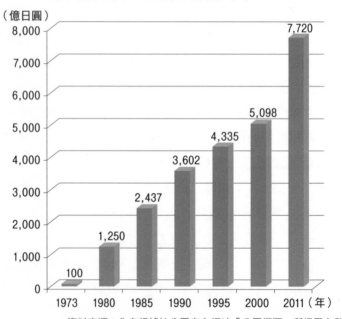

資料來源：作者根據該公司官方網站「公司概要」所揭露之數據編製

◇「商品至上」的事業理念

在 CGC 集團的門市裡，除了有「SUPER DRY」（朝日）和「一番搾」（麒麟）等其他零售通路常見的啤酒之外，還有販售一款「CGC 三得利金色釀造」啤酒。這是酒製造業者三得利（SUNTORY）接單製造，CGC 集團獨家企劃的商品。仔細觀察包裝上的照片（照片 9–1），可以發現罐子的上方印著小小的「SUNTORY」，下方則印有「CGC GROUP」等英文字樣。

除此之外，CGC 集團還自行研發了各式各樣的獨家企劃商品。CGC 自創立之初，就以「商品至上」為事業理念，雖然做的是零售業，卻一直都很重視商品研發。截至二○一二年四月，CGC 集團所研發的商品總數，已達約 1,200 個品項。CGC 日本供應給各加盟企業的商品，總金額約 7,720 億日圓（二○一○年三月至二○一一年二月），其中自家研發的商品，就佔了整體的約三成。

第**9**章

【照片 9-1　「CGC 三得利 金色釀造」的包裝】

資料來源：CGC 日本股份有限公司提供

◇CGC集團的主要品牌及商品研發體系

CGC 集團的商品研發，皆循以下的制度進行：首先，在全國分為八個區域，每月召開商品會議，由各加盟企業提出對商品研發的需求。接著在每月一次的全國發表會議上，決定研發哪些商品。到這裡為止的流程，都是由 CGC 集團總部，也就是 CGC 日本的承辦人、各加盟企業的總經理、商品部長和採購參與討論，以合議制的方式做出決策。

之後就進行商品研發相關的具體業務。從商品設計到製造業者的遴選、工廠確認等流程，會由總部的承辦人員，搭配加盟企業的採購代表（採購承辦人）共同進行。會像這樣把商品研發業務集中在總部推動，而不是由加盟企業分頭進行，就是為了盡可能提高生產規模，降低研發、產製成本的緣故。

CGC 所研發的商品，都會掛上專用的品牌，而且還不只一個品牌。會選擇研發多個品牌，而不使用單一品牌的原因，是為了因應消費者和各加盟企業不同的需求，所以才要做出區隔。所謂的「消費者」，需求其實因人而異，甚至同一個人的需求，也會因為購物的目的和狀況而有所不同。例如有人重視價格，有人想多付一點錢買品質精良的商品等等。如此多樣的需求，很難用一個方法就讓大家都滿意。再者，加盟企業其實也有同樣的情況。例如有些超市和周邊的競爭者大打價格戰，有些則否，所以 CGC 一方面也是為了更細膩地因應加盟企業的個別競爭條件，才會選擇發展多元品牌。

CGC 研發的主要品牌，包括「CGC」、「買家價格」（shoppers' price）、「絕對超值」等，三個品牌的概要整理如表 9-1。各品牌依定位不同，研發體系也各有差異。簡介如下：

　　「CGC」這個品牌，產品必須達到和大型製造商同樣的高品質水準，又要壓低價格，於是 CGC 集團便請日本國內的製造商代工生產。會選擇國內廠商而非海外代工，是為了要避免海外生產可能發生的缺點。相較於在日本國內生產，海外產製的確可壓低生產成本，但從下單到商品能在店頭銷售，中間所需的時間（前置時間）很長，店頭容易缺貨；而要預防缺貨，就必須在國內儲備大量庫存，相關成本都得列入考慮。還有，重視保鮮的商品，產製後不適合長

【表 9-1　CGC 集團主要品牌與特色】

品牌名稱與標誌	定位	價格區間	研發、生產體系
CGC *CGC*	CGC 集團的核心品牌，陳列在店頭貨架上最顯眼的位置。	標榜具備與大型製造商同等水準的高品質。在 CGC 集團的品牌當中，價位最高。	包下日本國內製造商的生產線，請廠商代工。
買家價格 SHOPPERS' PRICE	亟需與競爭通路在價格上一較高下時，會使用的品牌。不做積極的促銷。	價位比「CGC」低。	除了借用日本國內製造商的生產線來生產之外，也在國外研發、生產後，再進口到日本銷售。
絕對超值 斷然お得	用來做波段銷售。	在 CGC 集團的品牌當中，價位最低。	趁製造商生產自家商品的空檔，請廠商大批量生產內容相同的商品。

資料來源：作者編製。各品牌標誌由 CGC 日本股份有限公司提供

專欄 9-1

何謂品牌？

　　所謂的「品牌」，是企業為了要和其他產品、事業、企業做出區隔，而賦予自家商品、事業、企業的名稱或標誌等的總稱。在日常對話當中，很多人會說高級品是「名牌」。不過從上述定義看來，有「品牌」的商品，不見得一定是高級品。

　　「品牌」在各領域的重要性與日俱增。背後的原因，是由於企業之間的競爭越來越激烈，光憑商品本身在物理上的特徵，很難與競爭者做出差異的緣故。

　　品牌具備三種基本功能。第一是識別功能，有了這項功能，才能明確區分自家商品和競品之間的差異。此外，材質不同的商品，在掛上相同的品牌之後，顧客就能辨識它們是系出同門。

　　第二是保障功能。它代表了「誰為這項商品（的品質）負責」，呈現責任的歸屬。

　　第三是聯想功能。它能讓顧客想起品牌名稱，或某些印象、感受等。這一項功能又可細分為「品牌知名度」（brand awareness）和「品牌聯想」（brand associations）。所謂的品牌知名度，就是顧客是否聽過該品牌，以及能否想起該品牌（品牌回憶，brand recall）的意思；而品牌聯想則是指顧客能從該品牌聯想到的感受或印象。

　　品牌的這些功能，讓顧客得以辨識該品牌與其他商品不同，且對該品牌的喜好程度，較其他商品更高。妥善運用品牌，企業就可以做出差異化。

　　不過，不是任何品牌都能做得出差異化。例如即使強打廣告，提升品牌曝光，顧客仍無法從該品牌感受到與眾不同的魅力，那麼我們就很難說這個品牌做到了差異化。換句話說，只要企業有心，品牌的識別功能和保障功能其實相對容易實現；但要讓品牌具備聯想功能，就需要贏得顧客的支持才行。而這也就是品牌管理的深奧之處了。

期儲放，因此也不便在海外生產。

　　基於這些因素，CGC 集團的主要品牌「CGC」選擇了在日本國內生產。不僅如此，CGC 為了盡量壓低售價，還會包下製造商的生產線（為大量生產同一款產品而設計的作業流程），請廠商一整天都生產 CGC 研發的商品，以提高生產效率，實現規模經濟，降低成本。而要「包下一整天的生產線」，條件是零售業者必須買斷相當於「製造商一整天產能」的大量商品，意即零售業者必須要有足以消化這麼多庫存的銷售能力。所以外包生產並不是每一家零售業者都能說做就做的事，這一點要請各位留意。

　　「買家價格」則不只是請日本國內製造商代工，有時也會與國外廠商合作，以期能將價格控制得比「CGC」更低。像這種先由零售業者自行擬訂企劃書，交由國外製造商代工，再將成品進口到國內銷售的方式，我們稱之為「加工進口」。CGC 集團在中國、泰國和印尼等地都與廠商合作，辦理進口加工。

　　「絕對超值」則是一個比「買家價格」更低價的品牌。CGC 集團會配合廠商的空檔，也就是製造商自家商品生產較離峰的時期，請廠商代工生產 CGC 集團的商品，藉以大幅壓低價格。因此，「絕對超值」品牌的商品，基本上是波段銷售（只拿出當下需要的份量，配合當時的需求動向，進行彈性且單次性地銷售），限時限量推出，無法隨時供應。

第 **9** 章

◇為確保營收規模所做的努力

一般而言，零售業者在開發獨家商品時，為吸引合作夥伴——也就是製造商開出更好的代工條件，需規劃出代工數量可期的商品。因為就製造商的立場而言，這些零售業者都被視為是相當重要的客戶。以 CGC 為例，委外代工的最基本門檻，是要看單一品項能否創造出平均 1 億的年營收。換句話說，零售業者在研發獨家商品時，要向廠商買進一批數量相當可觀的商品，並且暫時當作庫存儲放。

CGC 總部為了積極銷售這些大量庫存，推動了「PB 必選基本商品」制度。例如像乾燥義大利麵這種營收和毛利表現俱佳，顧客也不見得非買廠商商品不可的暢銷品項，就會被列入「PB 必選基本商品」。光是二〇一一年度，就有 219 個品項獲選。它們都是貨架上的基本商品，門市也會優先推廣、宣傳，以確保 CGC 在自有品牌上的營收規模。

此外，CGC 為確保自有品牌商品的銷量，還做了許多努力。例如派發「商品介紹手冊」給上門的顧客，或在賣場設置專用的 POP 等。此外，CGC 集團也會以旗下的加盟企業為對象，舉辦銷售競賽等表揚制度，或是辦宣傳活動吸引消費者目光等，甚至還會每月挑選一項商品作為「當月精選」，在店頭安排大位陳列。

3. 自有品牌研發邏輯

◇全國性品牌與自有品牌

像 CGC 集團的案例這樣，由流通業者（零售、批發業者）負責研發商品，並於自家企業或集團企業門市獨家（＝ private）銷售的品牌，就是所謂的自有品牌（private brand，簡稱 PB）。以大型零售業者而言，像是「TOPVALU」（永旺集團）或「7 premium」（7&i 集團）等品牌，或許各位也都曾聽過。

另外，以製造商為開發主體，在全國（＝ national）零售通路銷售的品牌，就是所謂的全國性品牌（National Brand，簡稱 NB），也有人稱為製造商品牌（manufacturer brand）。例如啤酒的「SUPER DRY」（朝日），和織物除臭劑「風倍清」（寶鹼）等都是，種類繁多。

全國性品牌和自有品牌的區別，在於該項商品的開發主體究竟是製造商或是流通業者，而不是以銷售主體來區分，請各位特別留意。

第9章

◇有助於撙節成本的自有品牌

零售業者通常是向製造商或批發商採購全國性商品來銷售。但是，為什麼還是會有部分零售業者選擇投入開發自有品牌呢？主要是為了透過①撙節成本、②商品搭配的差異化，來確保獲利。首先讓我們來看看「撙節成本」。

　　為什麼會說自有品牌有助於撙節成本？首先，相較於全國性品牌，自有品牌在市場調查、廣告、包裝等行銷費用上較有撙節空間。具體原因如下：

　　自有品牌在開發時，多半是模仿已上市的全國性商品，因此用來找出消費者需求的市場調查，或是用來簡單明瞭地向消費者說明商品特性的廣告，費用都可以省下來。

　　再者，全國性品牌的製造商，通常都希望盡可能讓自家商品在零售店頭佔到有利的陳列位置。因此，製造商必須投入許多廣告來提升品牌知名度，促使消費者到店頭主動選購自家品牌（這個舉動就是所謂的「指名購買」）。然而，零售業者有權將自家的自有品牌陳列在有利的位置，故可節省廣告費支出。

　　一般而言，自有品牌的主要目標客群，價格取向較為鮮明，與其在廣告或包裝上投入成本，他們更期待能把這些成本回饋給消費者。

　　再者，自有品牌是利用製造商剩餘的產能（剩餘產能）來代工生產，因此更能壓低成本。

　　為什麼運用製造商的剩餘產能有助於壓低成本呢？因為製造商有「想盡量提升工廠的稼動率」這個接單動機。對製造商而言，有剩餘產能，就表示生產設備的使用效率不彰，將導致設備投資的回收速度變慢。因此，當自家的全國性品牌商品產量不多時，就會大量承接自有品牌的代工訂單，以推升工廠的稼動率。換言之，零售商會以大量的自有品牌商品代工訂單作為籌碼，要求製造商調降成本。如此一來，自有品牌就能對零售業者的成本撙節做出貢獻。

就讓我們以《日經流通新聞》所做的推估為例，來看看在一般碗裝泡麵的全國性品牌和自有品牌，成本結構落差如下所示（9-2）。

仔細觀察，就能發現自有品牌的原料成本雖然只比全國性品牌低 8 日圓，但由於其他各項成本撙節有成，所以自有品牌的零售價，竟能比全國性品牌便宜 50 日圓。況且以零售業者的毛利來看，自有品牌還比全國性品牌略高一籌，這一點也很值得關注——從這個例子當中，我們可以看出：對消費者而言，或許會認為零售價較高的全國性品牌，對零售業者的毛利貢獻也比較多，但其實並不盡然。零售價和進貨成本的差額多寡，決定了零售商的毛利。即使自有品牌的零售價比全國性品牌低，但在進貨成本上省得更多，因此銷售自有品牌，能讓零售通路賺到更多毛利。

【表 9-2　全國性品牌和自有品牌的成本結構比較（以碗裝泡麵為例）】

	全國性品牌		自有品牌		差額 （全國性品牌－ 自有品牌）
原材料費	40 日圓	31%	32 日圓	40%	-8 日圓
促銷費	30 日圓	23%	6 日圓	7.5%	-34 日圓
物流費、廣告宣傳費	10 日圓	8%			
用人費等固定費	8 日圓	6%	8 日圓	10%	±0 日圓
製造商毛利	12 日圓	9%	14 日圓	18%	-10 日圓
批發商毛利	12 日圓	9%			
零售商毛利	18 日圓	14%	18 日圓	25%	+2 日圓
零售價（合計）	130 日圓	100%	130 日圓	100%	-50 日圓

第9章

※「%」為該項目在零售價當中的占比
資料來源：《日本流通新聞》2008 年 6 月 6 日

◇自有品牌對商品搭配的差異化貢獻良多

開發自有品牌還有一個目的，就是為了在店頭的商品搭配上做出差異化。自有品牌是由開發主體——零售業者獨家銷售，換句話說，在其他競爭通路的門市裡，不會出現這些自有品牌商品。因此，擁有自有品牌的零售業者，就能避免和其他同業直接在價格上競爭。

會尋求這樣的出路，是因為大型零售通路彼此之間，在全國性品牌上的削價競爭，畢竟還是有極限。

對消費者而言，不論在哪個通路購買，全國性品牌的品質都一樣。因此，像超市這種擅於操作低價銷售的零售業態，往往會在全國性品牌的品項上，祭出比其他同業更低的售價，藉以吸引消費者上門。然而，仔細想想就會發現，當每個零售通路都在操作低價時，就會爆發血流成河的價格戰，到頭來大家都沒利潤。

零售業者為緩和這樣的削價競爭，才會祭出其他同業架上沒有的，誘人購買的自有品牌，以期能在商品安排上做出差異化。

◇與全國品牌製造商共同研發

近年來，商品研發更進化，出現了製造商和零售業者共同研發商品的案例，而不是由任一方來擔任商品研發的主體。

如前所述，全國性品牌通常不是只為特定零售業者研發、生產的商品。可是近年來，市面上也出現了一些堪稱為「特定零售業者獨家 NB」的商品。例如只在日本 7-Eleven 銷售的朝日飲料茶飲「凍頂烏龍茶」，或是日清食品所推出的碗裝泡麵「名店備製系列」，

都是這一類的案例。

　　在共同研發之際，零售業者和製造商必須以相互協調的關係為基礎，在資訊共享的前提下推動商品研發。有些案例是一開始就以共同研發為前提建立合作關係，但多數案例都是製造商和零售通路原本就以優化供應鏈（從生產到流通的過程）業務效率為目標，共同推動「供應鏈管理」（supply chain management，簡稱 SCM），當中內容也包括資訊共享，才進而發展為共同研發商品的關係。

　　透過商品的共同研發，能深化零售業者與製造商之間的關係；而深化合作的結果，就是製造商也能取得零售業者的銷售數據（POS數據）和商品庫存數據。通常製造商只能取得從自家倉庫出貨的商品數據，若能了解零售端的銷售狀況，就能更準確地掌握自家商品在市場上的動向，以降低存貨損失或機會損失。此外，對製造商而言，共同研發等於在事前就能確定商品的買家，還可望節省販促費的支出。

　　而對零售業者而言，則是能比其他競爭同業更優先取得商品研發夥伴——也就是製造商的協助。舉例來說，假如有某一個全國性商品很受消費者歡迎，零售業者就有機會請製造商以姐妹品的形式，研發一款自家專用的商品；或是請製造商調整產量與生產排程，好讓零售業者的存貨不至於過多或太少。藉由這樣的合作，零售業者就能在店頭呈現出比其他競爭者更吸引人的商品搭配。

第 **9** 章

專欄 9-2

超市一手催生的國際品牌（無印良品）

「無印良品」原本是日本超市業者所開發出來的自有品牌，後來發展成了國際品牌。它本來是日本的綜合超市「西友」，在一九八〇年時，針對食品和日用品所開發的自有品牌。當年，無印良品也和其他企業的自有品牌一樣，主打比全國性品牌便宜的價格，在西友的門市裡，和那些全國性品牌一起銷售。

只不過，無印良品和其他自有品牌的不同之處，在於它運用巧思，明確地把商品便宜的合理根據告訴消費者，不是為了便宜而降低功能或品質──當年在無印良品的商品包裝上，印有詳盡且易懂的說明文字，向顧客說明商品能以低價銷售的原因。這個舉動，排解了很多消費者對自有品牌商品的品質疑慮。

「便宜是有原因的。」這就是無印良品當年的品牌概念（用顧客可以理解的方式，傳達品牌的特色）。

此外，無印良品後來的發展，也和其他超市通路推出的自有品牌大相逕庭。一九八三年，西友在東京的青山地區，開出了一家只販售無印良品商品的直營店。這家店不僅商品價格實惠，店內的氣氛調性很一致，呈現給顧客一種很時尚有型的印象，這在當時是很新穎的銷售手法。通常自有品牌的主要客群是家庭主婦，而無印良品的直營店，卻很受到當年那些走在潮流最前端的年輕人擁戴──就是那些會去青山一帶逛街的族群。

今日無印良品的樣貌，就在這時奠定了基礎。由於直營店一炮而紅，因此原本負責操作這個品牌的事業部，就在一九八九年時從西友獨立出去，另外成立了一家以「無印良品」相關營運業務為主要事業的子公司──良品計劃股份有限公司。這家公司在朝連鎖發展之餘，也將商品擴大到食品、日用品以外的品項。目前不僅在日本國內有門市，在海外也以「MUJI」之名，建立了穩固的品牌形象。

　　無印良品不僅達成了開發自有品牌的主要目的之一——商品搭配的差異化，還能用一個品牌概念來整合旗下連鎖門市，成功為自家零售事業也做出了差異化。

第**9**章

4. 結語

在本章當中，我們透過 CGC 集團的案例，學習了零售業者自行研發商品的原因何在。此外，也為各位概要說明了自有品牌與全國性品牌的差異，以及「品牌」的基本定義和功能。

本書的許多讀者，或許以往都認為商品研發是只有製造商才會做的事。不過，現在各位應該可以了解，包括大型零售通路在內，流通業者有時也會自行研發商品。再者，自有品牌在你我日常生活中普及的程度，已和全國性品牌並駕齊驅，這一點或許也讓部分讀者大感意外。

製造商和零售業者之間，有時會為了全國性品牌商品的價格或交易條件而對立。不過，近年來由於大環境的競爭日趨激烈，越來越多企業選擇放下對立、彼此協調。在研發自有品牌的案件上建立夥伴關係，正是企業願意彼此合作的表徵之一。

❓ 動動腦

1. 以無酒精飲料為例,想一想製造商所開發的全國性商品,和零售業者所開發的自有品牌,有哪些相似和相異之處?

2. 零售業者有像無印良品或優衣庫這樣,門市裡只銷售自有品牌的商品;也有像 7-Eleven 或永旺這樣,貨架上只有部分商品是自有品牌。請整理出它們各有哪些優缺點?

3. 各舉一個例子,說明①你願意買自有品牌的品類②你想買全國性品牌的品類③兩者皆可的品類,想一想原因是什麼?

主要參考文獻

石井淳藏、嶋口充輝、余田拓郎、栗木契《行銷入門講座》日本經濟新聞社,2004 年。

大野尚弘《自有品牌策略》千倉書房,2010 年。

小川進《競爭式共創論》白桃書房,2006 年。

渡邊達郎、遠藤明子、田村晃二、原賴利《掌握流通論內涵》有斐閣,2008 年。

第9章

進階閱讀

☆想更進一步學習自有品牌的研發邏輯：

高嶋克義《現代商業學〔新版〕》有斐閣，2012 年。

☆想學習品牌管理的基礎：

石井淳藏、廣田章光編著《從零開始讀懂行銷 第 3 版》碩學社，2008 年。

☆想更了解零售業界裡的品牌問題：

田村正紀《流通原理》千倉書房，2001 年。

第 10 章

零售業的價格管理

第 1 章

第 2 章

第 3 章

第 4 章

第 5 章

第 6 章

第 8 章

第 9 章

第 10 章

第 11 章

第 12 章

第 13 章

第 14 章

第 15 章

1. 前言

「超值商品」、「優惠商品」、「超特價品」、「特賣品」……這些宣傳台詞個個看來都很吸引人。如果能用比平常更低廉的價格，買到想要的商品，應該會喜不自勝大肆宣傳「我真會買！」不過，我們在本章中還會說明，這些東西買了不見得真的划算。像這樣一下調降價格，檔期過了之後又調回（調高）價格，以操作價格高低來向消費者訴求的手法，就是所謂的「高低定價法」（high-low pricing）。這樣的價格操作手法，也比較符合我們對一般超市的價格訴求印象。

而近年來，在日本也出現了一些超市，採用與高低定價法迥異的價格操作手法。他們不透過特賣品等噱頭來做低價訴求，而是操作「每天都低價」的價格手法，也就是所謂的「每日低價定價法」（every day low price），簡稱「EDLP」。就個別品項而言，或許有些商品的價格會比其他店家略高，但就整筆購物的消費金額而言，這些商家會比其他同業便宜。EDLP 在歐美超市是一種很常見的型態，但在日本還算是少數，其中最具代表性的例子，就是西友有限公司（以下簡稱「西友」）。

那麼，「每日低價」又是什麼樣的一種價格手法呢？為什麼這些通路能做到每日低價呢？本章要透過西友的案例，來檢視這兩點，並整理「高低定價法」和「每日低價」，讓各位對零售業的價格操作有更深入的了解。

2. 西友的定價手法

◇西友的EDLP

西友在一九六三年誕生於日本，是綜合超市的先驅之一。二○○二年，西友與美國的沃爾瑪（walmart stores，以下簡稱沃爾瑪）合作，到了二○○八年，更完全納入沃爾瑪旗下，成為它的子公司。西友的總公司位的東京的北區，在日本全國各地共有 370 家分店，含計時人員在內的員工總數為 1 萬 8,000 人。

而沃爾瑪則是在一九六二年於美國誕生，是全球的零售業龍頭。它的經營理念是「省錢讓生活更美好」（save money, live better）除了在美國有 4,479 家門市之外，沃爾瑪在包括日本、墨西哥、加拿大、巴西、英國、中國等海外 15 國開設了 5,653 家門市，總計全球共有 10,132 家門市，全球年營收達 4,439 億美金，多達 220 萬名員工在職。

由於「每日低價」是為了實現沃爾瑪的理念而擬，所以它幾乎可說是沃爾瑪的代名詞，更是一個舉世聞名的價格操作策略。它是每天都以低於其他同業特賣的價格，銷售所有產品的一種手法。納入沃爾瑪旗下的西友，在價格操作受也奉行「每日低價」策略，迄今推出過 850 日圓的牛仔褲、750 日圓的迪士尼卡通人物 T 恤、380 日圓的加州葡萄酒，以及 298 日圓的便當等。

◇EDLP的支援機制：低成本營運

那麼，究竟有哪些機制在支撐「每日低價」策略的實現呢？西友基本上是以沃爾瑪的手法為基礎來執行。而這些手法，則是奠基在兩套機制上——「低成本營運」（low-cost operation），和讓通路業者與供應商建立共存共榮關係的網路系統「零售鏈系統」（Retail Link）。透過這些機制，西友排除了從商品下單到收銀結帳過程中的所有浪費，讓「每日低價」的概念得以實現。

首先我們來看看「低成本營運」的機制。具體而言，它其實是從下單訂購到物流系統等各方面的許多優化巧思。舉例來說，在肉品加工上，西友取消了在門市的加工作業，改在一處加工處理中心統一加工，再配送到多家門市；而熟食也同樣減少了在店內加工的程序。如此一來，各門市的營運操作就會變得非常單純；而加工集中在一處，就能提升處理效率，有助於撙節成本。

此外，在門市設計上，也都以「能有效率地進行補貨等需要人手的作業」為前提，進行設計規劃。例如在貨架兩端的端架上，做「單品項量感陳列」（請參考照片 10-1），也就是在顯眼的端架上，大量陳列出同品項、同價格的商品，營造出震撼人心的氣勢。由於是單一品項，要做價格訴求也比較方便。這樣的做法，和傳統日本超市在端架上以多種商品搭配陳列的操作，呈現鮮明的對照。

在每一座端架的左側，還會再做一種名叫「側掛」（side kick）的陳列（請參考照片 10-1）。它的位置靠近端架，也是一個很醒目的位置。西友會統一掛上一套專用的展示架，擺上一種零食之類的小型商品。還有，走道上也會放置一種名叫「斜口籃」的網籃狀展示架，陳列碗裝泡麵等既輕量又不易壓壞的商品。補貨時只

【照片 10-1 大量陳列單一品項的端架與側掛】

【照片 10-2 展示冰箱】】

第 **10** 章

要將商品丟進籃子裡就好，非常簡便。

　　至於在冷藏、冷凍食品的賣場上，則是陳列了有玻璃門的直立式展示冰箱（Reach-in Refrigerator，請參考照片 10-2）。這些冰箱上因為有方便開關的門，可避免冷風外洩，節能效果卓越；再加上還能一次存放大量的飲料和冷凍商品，和日本超市那些做成開放式冷藏、冷凍櫃，性能還是大不相同。另外，在酒水賣場也有巧思。西友在這一區設了「大型冷藏庫」（walk-in refrigerator），讓酒水

可以整箱直接擺放在這個宛如大型冰箱的區域。這樣做不僅可讓消費者自由拿取商品，還能大量陳列冰涼的酒水。

走到服飾賣場，則可以看到多數商品都以衣架掛起陳列，少有一般服飾賣場常見的平放陳列商品。掛在衣架上的衣服，店員在陳列或搬動時，也比較容易操作。至於在家電區，則是採用所謂的「牛棚」設計，數位相機和電腦等商品排成橢圓形，圍繞在駐區店員四周。不論是為顧客說明，或是購物結帳，都能在同一處進行，即使人力精省也能支應。

像這樣在考量提供給顧客的價值之餘，同時也追求落實低成本營運，是西友的一大特色。

◇EDLP的支援機制：零售鏈系統

接著要探討的機制是「零售鏈系統」（Retail Link）。透過這一套系統，零售商只要用收銀機讀取商品條碼，就能看到POS資訊，進而掌握「哪一家門市、何時、以什麼價位、賣出了哪一項商品」等銷售資訊（請參考圖 10-1）。光看這樣的描述，各位或許會覺得

【圖 10-1　零售鏈系統的機制】

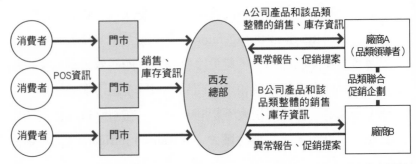

資料來源：作者依《日本經濟新聞》2003 年 8 月 19 日（早報）編製

「這些事很多流通業者都在做」，不過，西友這一套機制的一大特點，就是將零售通路在和廠商做採購談判時的籌碼——寶貴的銷售資訊，大膽地開放供應商瀏覽。

零售鏈系統於一九九一年在美國首創，目前全球許多沃爾瑪的供應商都在使用。這一套機制，在一九九七年因為「購物籃分析」（basket analysis）而迎接了一個很大的轉捩點。「購物籃分析」是分析每個購物籃（basket）的購物明細後，再將消費者很可能同時購買的商品陳列在相近的地方，引導消費者「順便購買」。這一套分析手法，對賣場的商品配置帶來了很大的變化。

舉例來說，各位只要想像一下「洗髮精和潤絲精」、「酒水和下酒菜」，應該就不難理解。在談沃爾瑪的案例時，也常有人提到週末晚上買嬰兒紙尿布的顧客，會同時購買罐裝啤酒——我們可以想到好幾個原因，例如可能是因為先生奉太座之命來跑腿買紙尿布，就順便買了啤酒；或是一家人來採買，太太拿了紙尿布，先生買了啤酒等。

而製造商只要透過零售鏈系統，上網在專用網站輸入 ID 和密碼，就可以免費瀏覽自家商品的最新銷售和庫存資訊，且每小時更新。此外，被稱為「品類領導者」的主力廠商，還能掌握同品類各家廠商的銷售資訊，以便向沃爾瑪的採購針對整個貨架的商品陳列配置和價格進行提案，也就是做所謂的品類管理。沃爾瑪的目標，是希望避免與製造商做無謂的討價還價，打造廠商與通路共同推升營收、「共存共榮」的關係。而廠商提報的建議在獲得沃爾瑪首肯後，廠商就會負責派員在門市補貨，避免發生庫存過剩和缺貨。這個機制，有助於排除浪費，實現「每日低價」的概念。在美國，沃

爾瑪和寶鹼合作無間的關係，眾所周知；而西友也正逐步導入這一套零售鏈系統，和日本在地的廠商建立新的共生關係。

以上我們探討了支撐「每日低價」運作的兩套機制——低成本營運和零售鏈系統的概要。不過，換個角度來看，其實要讓這兩套機制運作，「每日低價」更可說是個不可或缺的元素。因為操作「每日低價」策略，可省下做特賣活動時的傳單費用、商品貼標手續，以及配合特賣所做的賣場陳列調整等麻煩，讓每一家門市的業務量平準化，進而撙節營運成本。再加上銷售量不會因為特賣活動等特殊因素而大起大落，需求預估相對簡單，有助於防止門市商品售罄，消化過量庫存。倉儲也不必為了某些特定檔期而保留大空間，故可只投入最低限度的資源，精省到極致。

就這樣，「低成本營運」和「零售鏈系統」這兩套機制，與「每日低價」發揮了加乘效果，讓超市得以推出更多、更低價的商品。

◇實現EDLP的條件

不過，要推動「每日低價」的政策，光靠機制還不夠，還要分別讓製造商和顧客，對「每日低價」有更多方面的理解。

首先是製造商的部分。由於前述這些措施，和日本其他超市或零售通路傳統的交易型式很不同，因此需要讓廠商了解它們的運作機制，爭取配合。而成敗的關鍵，就在於通路業者與握有知名品牌的大廠之間，能否建立穩固的客情。畢竟自家商品的營收和資訊，要被攤在品類領導者的同業面前，從多數廠商而言當然會很有戒心。更重要的，是必須讓製造商體認到「對廠商而言，西友銷售力強大，是個有能力大量賣出自家商品的零售業者」。

　　這一點和那些在美國已有往來的跨國企業合作，推展較為容易。沃爾瑪的採購網絡遍佈全球，西友也有意善加運用。例如他們就曾藉由沃爾瑪和華德・迪士尼（Walt Disney）之間的往來關係，在門市設置了低價的迪士尼商品專區。另外，西友也可引進沃爾瑪全球各家子公司所研發的商品。英國子公司阿斯達（Asda）研發出物美價廉的葡萄酒，美國子公司山姆俱樂部（Sam's Club）為因應顧客大量購買需求所研發的大容量冷凍蝦仁，西友都曾實際引進過，也廣受好評。

　　接著，零售業者也必須讓消費者了解「每日低價」策略。對於長年習慣每日看傳單上有哪些本日特賣商品的日本消費者來說，要理解「每日低價」的概念，其實並不容易。換言之，要讓「每日低價」在市場上紮根，其實要花相當長的時間經營。為了要簡單易懂地向日本消費者傳達這個概念，西友在二〇〇八年展開「一路 KY[11]（低價）！」的活動。這個宣傳標語源自於當時的流行語「KY」（不會看風向），一時蔚為話題。同一年，西友還祭出「保證在地最低價制度」的宣傳，加強了民眾對「每日低價」的認知。所謂的「保證在地最低價制度」，就是只要同業印在傳單上的商品售價比西友更便宜，消費者就可憑傳單到西友，用傳單上的價格買到同一項商品。當時西友大動作刊登報紙廣告宣傳這項制度，還明確點出其他同業的名號，強調西友在價格上的優勢（請參考照片 10-3）。這樣的比較廣告（comparative advertising），在超市廣告當中可說是史無前例的創舉。

第 10 章

---

11 「不會看風向」的日文「空 が めない」（Kuuki ga Yomenai），和「低價」（ 格やすく，Kakaku Yasuku）的發音當中，都有「K」和「Y」。

【照片 10-3　價格的比較廣告】

資料來源：有限公司西友提供

　　二○一○年六月，西友應該是從當紅偶像團體 AKB48 的名稱當中得到靈感，推出了一波「AKY42[12]」（連續 42 天壓倒性低價）的活動，接著又在年底消費旺季時推出「KYmaX[13]」（年底也要衝一波低價高潮），不僅提升了「每日低價」的知名度，也帶動了業績的成長。目前，西友則是持續推動「KY365」（低價 365）。既然是「365 天」，當然就是所謂的「每日低價」（EDLP）。同時，西友又在二○一○年時，發行了免入會費、免年費的獨家信用卡，

12 日文為「アットーテキカカクヤスクな 42 日間」（Attouteki Kakaku Yasuku）。
13 日文為「カカクヤスクもクライマックス」（Kakaku Yasuku mo climaX）。

【圖 10-2　「一籃子價格」在門市的標示】

資料來源：有限公司西友提供

持卡隨時都享有 1％的折扣。在超市業界當中，這種隨時都提供折扣的信用卡也相當罕見。

　　西友更於二○一一年時，在各大媒體上宣傳了「一籃子價格」的活動（請參考圖 10-2）。所謂的「一籃子價格」，就是「整個購物籃結帳價格」（basket price）的簡稱。西友用它來強調「每日低價」的價值所在，告訴顧客：「即使購物籃裡有一、兩樣比其他通路稍貴的商品，整個購物籃結算下來，還是比別家店便宜」。就這樣，西友推出了許多沃爾瑪不曾嘗試過的獨家活動，讓「每日低價」的概念在日本普及。

　　到了近幾年，西友才逐漸以「每日低價」站穩腳步，但為了爭取製造商和消費者的理解，辛苦耕耘近十年。他們為了把既往那些奠基在「高低定價法」之上的機制轉換為「每日低價」，不惜忍痛收掉經營不善的門市，還推動優退制度等，歷經千辛萬苦，才讓「每日低價」的概念終於在日本落地生根。

專欄 10-1

價格訂定

　　通常，零售業在訂定價格時，會以進貨成本為下限，並以顧客對商品獨有特色所給的評價，用「願付價格」來作為上限。業者通常會根據一些定價方法，並考慮其他同業和替代品的售價，在這個上、下限範圍內調整價格。

　　以下謹列舉兩個在零售業極具代表性的定價法：第一個是「加成定價法」（markup pricing），就是用進貨單價（採購成本）加上費用和利潤等「成數」（markup），來訂出價格，是一種最基本的定價方式。例如一個用 100 日圓採購而來的商品，若想拿到 20％的加成，那麼價格計算方式就會是以下這樣：

售價＝進貨單價 ÷（1－成數）＝ 100 日圓 ÷（1－0.2）＝ 125 日圓

　　本章探討的「高低定價法」，就是每項商品個別調整成數，特賣商品有些甚至根本沒有預留成數。還有，除了要考慮進貨單價之外，特賣商品通常銷量可期，所以在訂定價格時，還會把廠商提供的銷貨折讓（鼓勵銷售的獎勵金）也納入考量。另一種價格訂定方法是「超值定價」（value pricing），就是在不降低品質的前提下，透過各種機制壓低售價，以爭取顧客的忠誠度。不論是運用「平整包裝」（精省包裝，flat packs）機制，降低物流和倉儲成本，成功在不降低品質的情況下，以低價供應商品的宜家家居（IKEA）；或是壓縮飛機不賺錢的空等時間，並透過統一機型來撙節維修和人力培訓費用，成功在不降低品質的情況下，以低價供應服務的「西北航空」（Northwest Airlines），都是很具代表性的例子。而透過「每日低價」策略落實低售價的沃爾瑪，則是這種定價策略最具代表性的案例之一。

　　根據上述這些定價策略，還可再考量心理定價，做出更具體的價格設定。例如採用「尾數定價」策略，也就是捨棄「100」，改將價格定為「98」圓，看起來就像是已主動降價到極限；或是消費者會習慣性接受自動販賣機的飲料等商品為某個價位，也就是所謂的「習慣定價」策略。

3. 兩套定價手法

看過了西友推動「每日低價」概念的案例之後，在此我們簡單整理「高低定價法」和「每日低價」這兩種價格手法的操作機制。

首先，「高低定價法」可說是門市為了招攬客人，達到「宣傳效果」所操作的價格手法。零售業者會將特定商品設定為「牲打」（loss leader，超值商品），並以特惠價誘導顧客上門。在這一套做法當中，犧牲打商品本身的毛利雖低，但會帶動消費者購買其他商品，以確保門市整體的獲利表現。

這種操作手法，我們稱之為「毛利組合」（margin mix）。越是能找到知名品牌商品來當「犧牲打」，降價所帶來的效果就越顯著——因為知名度高、指名購買的人多，且到處都買得到的商品，就越會成為消費者比價的基準指標。不過，這種價格操作手法對製造商而言，雖能衝出銷量，卻恐有拉低品牌形象之虞，甚至可能衝擊消費者心目中的「內部參考價格」（internal reference price，出手價格）。一旦內部參考價格降低，日後即使售價恢復，顧客還是可能不買帳——因為就常態而言，消費者對損益當中的「損」，會比「益」來得更敏感。內部參考價格一降，就很難再拉回原本的價位。

而每日低價法的機制，則是透過追求「平準化效應」，來讓商品得以維持穩定低價的一種價格操作手法。它不像高低定價法那樣，能波段性地創造營收高峰，所以對零售業者而言，可以低成本營運來減少不必要的作業；對製造商而言，則是可以穩定生產來供應通路需求；至於對消費者而言，畢竟平常在超市購物會買多項商品，而不是只買單一品項，所以即使買了一、兩項售價比其他商家

略貴的商品，整個購物籃結帳算下來，相對便宜的機率還是很高。再者，一般認為，相較於反覆操作波段低價的「高低定價法」，持續低價的「每日低價」策略，會讓消費者在認知上覺得「這家店一直都賣得很便宜」。

　　綜上所述，「每日低價」是一種極具吸引力的策略。不過，高低定價法的確能激起消費者的購買意願，這一點也不容否認。況且「每日低價」策略不見得一定能成功奏效。因此，據說近年在美國，綜合運用這兩種價格操作策略的手法相當受到矚目。

第 **10** 章

專欄 10-1

一站式購物

所謂的「一站式購物」，就是零售商店裡齊備多種（跨業種）商品，讓顧客可以一次就在同一個地方買到多種商品的購物形態。消費者到店購物，不僅要投入移動時間與費用，蒐集商品或價格資訊、比較、決定選購、購買後帶回家的花費，加上這一連串購物行為所花的時間，統稱為「購物成本」。一站式購物可省下這些成本，是它所能帶來的一大效益。

要讓一站式購物發揮效益，必須具備兩項條件：一是要明白商品分類的重要性。光是在店裡匯集大量商品，消費者只能自行尋找，其實一點意義都沒有。所以，店內商品要齊全，還要從大分類排到細分類，而且這一套分類方式應為一般通路共通，而非各家企業、個人各行其是，以便消費者選購。

另一個條件，是要根據消費者購物行為的特徵，來安排一站式購物的賣場規劃。消費者到零售通路採買時，即使事前沒決定要買些什麼，也會在「準備晚餐」之類的大前提下購物。既然是要準備晚餐，那麼對家具、家電應該就不會太感興趣；如果是要為出門旅遊做準備，那麼應該就不會對生鮮食品或佛壇太感興趣。對消費者而言，關鍵在於能不能找到和購物目的相近的商品，例如準備晚餐時，要看到各式食材，打包出門行李時，就要看到各類旅行用品。換言之，在這種關聯商品的購買行為中，最能有效發揮一站式購物的效益。

4. 結語

　　在本章當中，我們透過西友的案例，探討「每日低價」策略和它的機制內涵，還與「高低定價法」做了一番對比，加深了我們對零售業價格操作手法的了解。讀完本章之後，各位是否已能明白本章開頭所說的那些特賣商品，其實「不見得比較便宜」了呢？甚至各位或許也已經發現，特賣可能會增加通路或製造商在成本上的負擔。

　　而西友這樣的價格操作手法，未來或許會因社會變化而受到影響。舉例來說，倘若今天社會上雙薪家庭越來越多，消費主力不再是那些有空看廣告傳單到處採買的家庭主婦時，為縮短顧客購物時間所設計的「一站式」（請參考專欄 10-2）購物形態，可能就會越來越普及。到時候，「每日低價」這種能降低整個購物籃消費金額的價格操作，說不定更能展現它的優勢。

第 10 章

❓動動腦

1. 找一家附近的超市，看看它選用的是哪一種定價策略，並想一想店裡有哪些相應的配套措施或巧思。
2. 為什麼「高低定價法」能在日本的超市紮根？
3. 除了超市之外，查一查其他業界的定價手法，並比較它們和超市之間有何差異？

主要參考文獻

大阪市立大學商學院編《流通》有斐閣，2002 年。

上田隆穗編《定價策略入門》有斐閣，2003 年。

菲利普・科特勒（Philip Kotler）、凱文・凱勒（Kevin Lane Keller）《行銷管理》華泰文化，2016 年。

進階閱讀

☆想了解一手催生 EDLP 概念的沃爾瑪，了解它發跡的原點和創業的歷史。

山姆・沃爾頓（Sam Walton）《富甲天下：Wal-Mart 創始人 山姆・沃爾頓自傳》（Sam Walton: Made In America）足智文化，2018 年。

☆不只流通業，還想知道製造商的定價策略，了解它的理論和案例：

上田隆穗編《定價策略入門》有斐閣，2003 年。

☆想學習最新的定價手法：

賈莫漢・羅傑 (Jagmohan Raju)、張忠 (Z. John Zhang)《訂價要心機：9 種讓顧客心甘情願掏錢的價格制定術》商業周刊，2012 年。

第III篇

提升供應鏈整體價值的管理手法

第 11 章

活用顧客資訊

第1章
第2章
第3章
第4章
第5章
第6章
第7章
第8章
第9章
第10章
第11章
第12章
第13章
第14章
第15章

1. 前言

一九九六年，美國的連鎖藥房奧斯克藥品公司（Osco Drug, Inc）發現：每到傍晚，顧客常會同時購買啤酒和嬰幼兒紙尿布。由於這兩種商品的主要目標客群截然不同，通路業者對這個現象百思不解。後來，在經過不斷的分析之後，才釐清真相——原來是蠻多男性顧客受太太之託，要他們在下班回家時順路買紙尿布，於是他們就一併買了自己要喝的啤酒。

另外，在本章要為各位介紹的食品超市「荻野」，則是在豆芽菜旁陳列韭菜。這是因為荻野在分析過後，發現和豆芽菜同時購買的商品當中，韭菜是最常出現的商品。

從這些案例當中，我們可以知道：「在某個前提下，將啤酒陳列在紙尿布賣場區，可能有助於推升業績」的這個假設是成立的。而在陳列豆芽菜和韭菜的賣場上，擺出可用這兩種食材烹調的菜色食譜，例如「韭菜炒豬肝」等，就可望拉抬每位顧客的消費金額——這也是一個假設。只要這些假設獲得驗證，未來紙尿布或豆芽菜在特賣時，想必要留意的就不只是特賣商品本身，關聯商品的促銷活動和預防售罄對策，也將成為相當重要的課題。

零售業者蒐集、分析顧客數據資料，將可望在商品搭配、庫存管理和賣場陳設等方面有所助益。然而，儘管業界對顧客數據資料的分析、運用期盼甚深，實際上卻仍有許多零售業者未將如此龐大的數據運用在經營上，反而對管理數據所衍生的鉅額成本大感頭痛。在本章當中，我們想探討的，就是顧客資訊的運用，能如何協助零售企業站穩競爭腳步。

2. 荻野超市概要與導入FSP的原委

在零售業當中，據說會員卡（顧客加入會員後，再到同一家門市消費的機率）的使用率只要突破 4 成，就算是相當突出的成績；而 DM 使用率（因為看到 DM 而造訪商家，或在店內消費的機率）若能逾 1 成，就堪稱是一波成功的宣傳。日本有一家零售企業，會員卡使用率逾 9 成，DM 平均使用率超過 5 成，因而備受矚目——它就是以山梨縣為主要據點的食品超是「荻野」。

荻野運用分析會員消費趨勢的常客方案（frequent shopper programs，簡稱 FSP，請參考專欄 11-1），並與食品製造商、批發商合作，透過 DM 或發票，向各種客群的顧客推薦不同的商品。荻野超市究竟是如何成功拉抬了會員卡使用率，還衝高了 DM 使用率呢？

◇荻野超市概要

荻野這家公司成立於一九五三年，但它其實是在一八三一年創業，也就是自江戶時代傳承至今的老字號。起初它是以棉線批發為本業，直到一九六八年才開設食品超市。自一九六九年至一九八五年間，荻野引進了連鎖經營機制，在山梨縣甲府市周邊積極展店，陸續開出了 23 家門市。到了二〇〇四年時，荻野業再擴大展店範圍，截至二〇一一年七月，在山梨縣境內共有 35 家門市，長野縣 3 家，靜岡縣 1 家，總計 39 家門市。

二〇〇九年時，永旺和 UNY 都分別開出了大型商場，此後荻野與大型零售通路之間的競爭越演越烈，讓荻野的營收成長碰到了

第 11 章

瓶頸。不過在二〇〇七年三月至二〇〇八年二月時，荻野的年營業額還有 755 億日圓，經常利益則為 9 億 5 千萬日圓，營收、獲利已連續 8 年正成長。儘管近年來全國連鎖的大型零售業陸續進駐山梨縣展店，像是一九九七年的大榮、一九九九年的 UNY、二〇〇〇年的伊藤洋華堂，以及二〇〇四年的美思佰樂（MaxValu）等，但面對大型通路的攻勢，荻野仍展現出令同業難以望其項背的堅強實力。

多位業界人士表示，荻野的堅強實力，來自於它獨家的數據分析系統。荻野自一九九七年起，就開始發行可集點的會員卡。消費金額滿 210 日圓就送 1 點，滿 250 點就可兌換一張點券，集滿三張點券，即可兌換 1000 日圓的商品禮券。

截至二〇一〇年五月為止，荻野超市會員卡的發卡數量約 43 萬張，遠高於山梨縣全縣的家戶數量，縣內約 9 成的家庭都有這張會員卡（附帶一提，根據二〇一一年的調查資料顯示，山梨縣共有 32 萬 7,765 戶，人口約有 86 萬人）。會員卡使用率逾 90％，會員所貢獻的營收佔總營收的 95％，登峰造極的水準堪稱業界罕見。荻野挾著這張會員卡的高普及率和高使用率，結合 POS 數據，用許多不同的方式來運用會員資料。

◇導入FSP的原委

多位業界人士異口同聲表示，荻野是因為做了獨家的顧客資訊分析、運用，才確保了自身的競爭優勢。但在這種以顧客資訊為基礎的經營模式步上軌道前，荻野內部其實問題層出不窮。

荻野超市倒導入 FSP 的背景，是為了因應在一九九六年時越演越烈的市場環境變化。尤其消費環境和競爭環境的變化，是當時荻野超市最重要的課題。

進入一九九○年代中期以後，山梨縣由於年輕族群加速外移，使得整體消費環境急遽變化。在「戶內只有高齡夫妻」的家戶數不斷攀升的一些地區，熱銷商品已開始出現了變化。既然熱銷商品改變，零售業者勢必要配合這樣的變化，調整商化活動的內容。也就是說，高齡化等人口結構的變化，帶動了消費環境的變化，迫使荻野超市必須做出因應。

一九九六年的某一天，就在荻野的經營團隊為了如何因應消費環境變化而大傷腦筋之際，傳來「大榮決定進軍山梨縣」的消息。「該怎麼對抗競爭者的展店計劃？」「在地企業該如何留住顧客？」若不能找到這些問題的解方，荻野恐怕是前途堪慮——公司內部彌漫著緊張的氣氛。

第 11 章

為了尋求這些問題的解方，荻野總經理決定出國考察。出訪美國之際，他發現當時有一家快速成長的超市「烏克拉」（Ukrop's Supermarket），是根據會員卡內的資訊，進行 DM 發送等促銷活動。於是他回國後，便成立 FSP 導入專案小組，積極投入系統開發。據說當年荻野總經理出給專案小組的功課，是「評估適合日本市場的方法，而不是直接把 FSP 系統移植進來。要擬訂假設，並加以驗證，

專欄 11-1

CRM與FSP

進入一九九〇年代之後，日本國內外許多企業紛紛致力推動一種名叫「客戶關係管理」（Customer Relationship Management，簡稱 CRM）的經營手法。所謂的 CRM，就是引進資訊系統，蒐集、分析顧客的消費行為，以及年齡、性別等個人資訊，再根據這些資訊，與客戶建立更長期的關係，以提升顧客終生價值（Lifetime Value，簡稱 LTV），為企業確保此後的穩定收益。

在 CRM 的概念當中，企業會奉行「招攬到新顧客的成本，是維持既有顧客所需成本的 5 倍以上」，和「企業營收的 80%，會由前 20% 的客戶貢獻」這兩種說法，聚焦在如何防止既有顧客——尤其是前 20% 的優質顧客流失，以及如何將一般顧客培養成優質顧客。

很多人都說，要讓 CRM 成功奏效，不單只是純粹蒐集顧客資訊就好，而是要在開始蒐集資料之前，就先評估日後分析出來的數據可以如何運用，並在內部備妥配套的組織體系。

在零售業當中，有越來越多企業發行會員卡給顧客，並依顧客的消費量和消費頻率等因素，分階段提供不同的附加服務，以留住或開拓優質顧客，家電量販「BIC CAMERA」的「bic point」就是屬於這樣的例子。而這樣的手法，就是所謂的「常客方案」（frequent shopper programs，簡稱 FSP）。常客方案是美國航空公司在一九八〇年代初期，為管理優質顧客而推行的措施，後來飯店、金融和流通業界也陸續導入。「常客方案」其實也是一種顧客關係管理，各位只要先知道它是在零售業界常見的一套工具即可。此外，有人會把透過常客方案所蒐集到的顧客資訊，稱之為 ID-POS 數據。

而且還要能快速普及」。

在啟動 FSP 導入專案的同時，荻野在一九九六年十一月時，導入了一張名叫「綠色集點卡」（Green Stamp card）的會員卡。起步之初，由於顧客並不知道這是一張會員卡，荻野超市的員工挨家挨戶拜訪，全力爭取顧客入會的結果，終於看到了成效——積極招攬會員約八個月之後，荻野超市成功將會員人數衝到了 20 萬人。

第 11 章

3. FSP的有效運用與顧客關係建立

◇FSP與有效的促銷活動

荻野超市隨即分析了發行會員卡之後所蒐集到的數據資料。結果發現，消費金額高居前30％～40％的客層，為荻野貢獻了80％的營收。於是他們立刻將這個分析結果反映到經營上。荻野社長特別強調：「消費金額高居前30％～40％的客層，貢獻了公司大部分的營收，所以要好好掌握，不能流失！這可是攸關公司存亡的重要條件。」

就這樣，荻野迅速地發展出顧客數據分析、運用的機制。其實這家公司在推動新措施之前，一定都會擬訂假設，再加以驗證。例如在派發DM之前，也先驗證過它的效益。荻野分析1,623位因為看到DM而來店消費的顧客資料，發現消費金額較前一週高的人數共有1,223人，佔整體的75.4％；在同一群樣本當中，上門消費次數增加的人數共有706人，佔整體的43.4％。

驗證DM派發效益後，荻野超市自一九九七年年九月起，正式展開DM企劃。在這個時期，「常客方案」的目標，是要根據顧客的來店頻率和消費記錄等資訊，發送DM給合適的目標客群，更有效地推升營收，同時撙節販促費，改變既往那種「發放相同傳單給每一位顧客」的促銷手法。

◇FSP與顧客集群分析

開始派發 DM 之後兩年，到了一九九九年時，荻野將「顧客集群分析」及其運用設定為 FSP 的首要重點課題。所謂的「集群」（cluster），就是「相同東西所組成的群體」；而「顧客集群分析」，就是分析顧客的數據資料，並依年齡層、偏好與生活型態等條件，進行顧客分類的一種手法。例如荻野就將顧客分為約 20 個種類，包括「健康取向，但也常使用調理包的簡易烹調派」、「講究素材的健康取向派」等，再提供給每個類別最合適的服務與點數優惠，以留住、拓展優質顧客。此外，荻野還會釐清個別門市的主要客群，並將這些資訊反映在促銷和品項安排上。

從一九九七年到一九九九年，荻野發展的 FSP，是把「曾有購買記錄的商品」列入發給該名顧客的 DM，例如發放咖哩調理包的折價券給喜歡咖哩調理包的顧客等。相對的，運用顧客集群所做的 FSP，不會只推薦顧客曾有購買記錄的商品，連具相同屬性的商品，也會列入推薦範圍。

常買咖哩調理包的顧客，在顧客集群分析當中會做出什麼樣的分析呢？就讓我們再來看一看。首先，荻野超市會先調查這位顧客在購買咖哩調理包時，還會同時選購哪些商品。假設調查過後，發現顧客常買一些簡單烹調就可食用的商品，例如冷凍漢堡排等品項時，荻野超市就會將這位顧客列入「常使用調理包的簡易烹調派」。

第 **11** 章

根據分析結果，荻野超市預期這位顧客應該對於「想盡量省麻煩」有較強的需求，因此不論顧客是否曾有購買記錄，都會再推薦給他一些屬於「省麻煩」類的商品，例如寶鹼以「輕鬆去除室內異味」為賣點所推出的除臭商品「風倍清」（Febreze），或主打「只要洗清一次就乾淨」的花王洗衣精「一匙靈」等功能性卓越的商品，都會納入給顧客的 DM 之中。

◇商品代碼化與FSP效率化

連顧客沒有購買記錄的商品都列入 DM，除了可以更廣泛地向顧客推薦魅力商品之外，還可為顧客推薦一些諸如自有品牌之類的高利潤商品，好處多多，因此對零售業者而言，此舉堪稱意義非凡。為了更有效率地落實這些措施，荻野超市為每項商品都安排了「生活型態碼」（lifestyle code）。這個有「商品 DNA」之稱的代碼，是荻野考量顧客的生活型態，例如「這項商品適合想省麻煩的顧客」、「這項商品適合健康取向的顧客」等特徵之後，賦予店內每一項商品的分類。如此一來，員工就能依各種顧客集群的需求，更有效率地將符合屬性的商品安排到 DM 上，讓 FSP 的運用更快速。

只要一有新商品上市，荻野就會為商品編擬「經濟型商品」、「健康型商品」、「省麻煩商品」等代碼。每一項商品會有多組代碼，當要發送 DM 給「健康取向，但也常使用調理包的簡易烹調派」的顧客時，就可考慮挑出商品 DNA 是「健康取向」、「可省麻煩的商品」的新商品來推薦。

　　「顧客集群分析」和「為每一項商品編擬 DNA」，都需要進行顧客需求分析，也需要卓越的資訊能力，更要付出時間和勞力，是相當吃力的大工程。但這些能力和投入，都不是其他同業想模仿就能馬上模仿的，才能成為荻野超市的基礎競爭力之一。雖說荻野超市的確是因為每一項商品都有商品 DNA，方能如此有效地運用 FSP，不過，荻野超市為了讓 FSP 的效能更上一層樓，其實還運用結帳發票，推動了更深入的業務改善（請參考專欄 11-2）。

第 **11** 章

4. 在幕後撐起荻野FSP的機制

荻野超市為提升經營效能，自二〇〇六年起，嘗試了多項創新之舉。其中，「與製造商建立夥伴關係」和「興建最先進的物流中心」，讓荻野的 FSP 變得更為精準。

◇與製造商建立夥伴關係

運用 FSP 所發展的促銷活動，的確對荻野的顧客滿意度和營收貢獻良多。不過，FSP 的效益其實還不僅如此，它還幫助荻野超市與製造商建立了良好的夥伴關係。在此，謹針對荻野超市運用 FSP 之後，為製造商帶來的多項好處，尤其是試銷（test marketing）和避免降價這兩點，來多做一些著墨。

首先來看看試銷。荻野超市有時會和製造商一同辦理聯合促銷。這種聯合促銷，就是由荻野超市在 DM 或發票上刊登商品和贈品資訊，吸引消費者購買。而活動所需的會員卡成本、DM 投遞成本等，會由製造商補貼一部分。在檔期活動結束後，荻野會把一些市場面的數據，包括哪個顧客集群、新增了多少回頭客等，提供給配合活動的製造商參考。

製造商在研發新商品時，要評估「這個商品賣給誰？」（設定目標客群），但無法保證這些目標客群一定會實際購買商品。很多投放了大量廣告的新商品，儘管上市後一度業績飆升，但因後續缺乏固定客群回購，便從市場銷聲匿跡。可是，只要用荻野的數據分析，就知道是哪些人（顧客集群），以什麼頻率在購買（回購率）。此外，也因為荻野超市的會員卡普及率和使用率夠高，所以數據的

專欄 11-2

用發票來當促銷工具

荻野超市在運用 FSP，讓 DM 投放更精準的同時，自二〇〇六年二月起，為撙節成本，又開發出了一項新的促銷手法，名叫「發票傳單」（direct receipt，簡稱 DR）。

DR 就是透過發票來傳達 DM 的內容。換句話說，就是根據預先做好的顧客集群分類，在顧客結帳的發票當中，印上「購買該集群屬性商品就加贈點數」的宣傳資訊。只要顧客在結帳時出示會員卡，透過總部的伺服器傳送宣傳資訊，反映在發票上的時間，前後只需要 20 秒。只要趁結帳作業之際進行資料傳輸，時間綽綽有餘。

其實在結帳櫃台將發票化為促銷工具的做法，並非荻野超市首創。二〇〇三年，一家名叫「日本卡特琳娜行銷」（Catalina Marketing Japan）的行銷公司，就開發出了這樣的系統，例如顧客在伊藤洋華堂購買百事可樂，就在結帳時送上同款商品 95 折的折價券等，把結帳系統當作促銷工具來使用。不過，日本國內第一個讓發票和 FSP 連動的案例，確實是荻野超市的 DR。

購物時，每位顧客都會拿到發票，而大家只會留意印有「消費金額總計」的部分。而 DR 就是在這行金額的下方推薦相關商品，並告知加贈點數的資訊。荻野預估，既然是印在總金額下方，顧客應該很有機會看到推薦訊息。

此外，運用 DR 還可望撙節促銷成本。一般的 DM 從印刷到投遞，每一封的成本約莫是 100 日圓；相對的，DR 除了初期的系統開發費用之外，幾乎沒有成本可言。

就這樣，DR 由於顧客的瀏覽機率高，又可望撙節成本，因此取代了 DM，成為荻野的主要促銷工具。運用發票來做促銷，其實有很多優點。近來不僅是食品超市，就連外食餐館也有越來越多以發票作為促銷工具的運用案例。

第 **11** 章

可信度相當高。

　　製造商在研發階段預設的目標客群，可先從荻野超市的資料當中，找出相似的顧客集群。如果商品推出後，其他集群的反應比預設族群更好，製造商就可以調整行銷策略，例如更換目標客群，並依此調整廣告或通路策略等。

　　荻野超市的主要展店區域在山梨縣，若要將試銷結果應用到其他地區，固然在解讀上需要更慎重。不過，荻野的顧客集群，是依顧客的年齡層、偏好和生活型態等條件，區分出約 20 種類型，例如「健康取向，但也常使用調理包的簡易烹調派」、「講究素材的健康取向派」等，都是日本隨處可見的顧客樣貌。因此，先在荻野超市進行試銷，日後在其他有相同需求取向的顧客身上，也可望呈現出相同的結果。

　　再者，對製造商而言，和荻野超市往來其實還有一個優點，那就是可以用正常價格銷售，不必打折降價。

　　通常零售業者會以特賣等方式，打折銷售知名製造商的全國性商品，以招攬顧客上門，而製造商多半都會配合。對製造商而言，這種操作的優點，是能鞏固與零售通路之間的關係；但相對也有一些缺點，例如對自家品牌策略造成負面影響，或難以拒絕其他零售通路要求的特賣折扣等。

　　荻野超市不做這樣的折扣活動。他們重視的，是會加贈點數的會員卡。凡是顧客持會員卡消費，就會隨機加贈點數。顧客可用累積的點數兌換商品禮券。這些商品禮券不僅可在荻野超市使用，還能拿到鄰近的加油站等合作商家消費，對顧客而言，等於就是可享受到打折的效果。此外，刊登在 DM 或 DR 上的商品，通常還會加

贈好幾倍的點數。透過這種方式，荻野超市既能提供消費者相當於打折購物優惠，又能讓製造商不必承擔打折所帶來的缺點。

對製造商而言，和荻野超市的生意往來，的確能帶來多項好處，例如可進行試銷操作，或不必仰賴促銷等；而對荻野來說，這些合作其實也是好處多多。例如在和健康食品製造商合作舉辦商品推廣活動時，如果廠商的目標客群，與荻野的「講究素材的健康取向派」相似，荻野就會選在該顧客集群人數較多的門市，把健康食品陳列在銷售有機生菜等產地直送蔬果的專區。透過這樣的操作，營造出方便顧客多加參觀選購的賣場，而賣場也會因為陳列出新商品而顯得更熱鬧，又能刺激顧客一併順手購買多項商品，更可望推升門市的業績。

◇整頓物流、配送體系

二〇〇六年二月二十三日，荻野超市的新物流中心正式啟用，同時也進行物流據點的整併。這個物流中心是由貨運業者福島運輸興建，由大型食品批發商三菱食品承租營運，總投資金額 28 億日圓，由福島運輸與三菱食品分攤。荻野超市雖然形式上是支付物流中心委外的營運管理費，實質上其實就是一項大型投資。他們也決定會配合新物流中心啟用，將原有的 7 處物流中心縮減為 4 處。

其實在前一年，也就是二〇〇五年時，荻野超市才投資了約 10 億日圓，將原有的銷售管理系統全面更新。以往，荻野超市的銷售資料要在打烊過後，才由各家門市分別統計過後，到深夜才匯整傳送到總部。用這樣的方法，總部要到隔天上午 6 點過後，才能檢視

第 11 章

旗下所有門市的詳細營收數據。不過，在建置新的資訊系統後，總部與門市的收銀機改以光纖網路連接，總部可即時掌握並管理所有商品的銷售與庫存狀況。這樣的管理方法，讓荻野超市總部可視需要隨時確認銷售數據，大大地提升了庫存管理和接單、下單的機動性。

這一套新的資訊系統，和荻野超市各門市，以及後來在二○○六年二月啟用的新物流中心連動。舉凡商品品項和進貨日等資訊，都透過電腦系統管理，以便準確地進行商品儲放、出貨作業。物流中心出貨時，會將商品堆疊在專用的推車上，並考量收貨門市的貨架配置，讓物流貨車配送到店時，員工只要把整台推車直接推進門市，就能由上往下依序將商品陳列到貨架上。

荻野從各方面都看到了新物流中心啟用所帶來的效益。首先，在物流管理自動化之後，物流中心內的人事成本撙節了約5成；統一管理庫存資訊後，讓商品的進貨日期和效期等期限，都能管理得更精準；還有，物流據點整併，和物流中心內的作業時間精省，讓物流貨車可用在配送上的時間，從原本的30分鐘延長到2個小時，荻野超市的展店觸角，也因而得以延伸到更遠的地方。

還有，原本從門市下單叫貨，到商品配送到店所需要的36小時，也一口氣縮短到5～6小時，缺貨率更降低到原本的十分之一。而這一波改革的效益，不僅展現在物流、配送上，對門市營運成本的壓縮也有貢獻——從商品配送至門市到上架完成的時間，縮減了35％，因此門市可重新調整人力配置，例如安排原本負責上架或陳列的部分人力支援門市銷售等。

5. 結語

在本章當中，我們以荻野超市為例，介紹零售業者可以如何運用顧客資訊。推動這些措施的過程中，通路業者固然會發生一些開銷，例如系統的投資與運用、販促費等等，但荻野超市靈活運用發票，成功撙節了原本在促銷上會發生的費用（說得更準確一點，就是「變動費」）；還有和製造商共同辦理聯合推廣活動，並請廠商負擔部分費用的做法，也為荻野超市撙節了不少販促費。我們甚至可以這樣說：荻野超市是因為有了 FSP，才創造出了這些新的收益來源。

導入 FSP 的零售業者當中，很多都是因為看了同業引進而效法，對於數據資料的運用計劃毫無頭緒，也缺乏資訊分析能力，甚至對費用撙節全無對策，就貿然導入 FSP 的案例，其實並不在少數。如此一來，不僅讓好不容易蒐集而來的數據資料無從發揮，為了確保自家競爭優勢而導入的 FSP，也會在經年累月之下，成為壓迫公司經營的一大重擔。企業在評估是否把顧客資訊當作自家競爭優勢的根基時，荻野超市這個有效運用顧客資訊的案例，可為我們提供許多不同面向的靈感。

第 11 章

❓動動腦

1. 找一家用會員卡蒐集資訊的零售業者，想一想業者如何運用這些資訊？

2. 發票在荻野超市被用來當作促銷工具。想一想還有沒有諸如此類的案例，或其他不同目的的運用實例？請仔細觀察我們每次購物時都會拿到，卻立刻隨手丟棄的發票，想一想當中隱藏著哪些訊息？

3. 在 FSP 的背後，運用的其實是資通訊（ICT）方面的技術。除了 FSP 之外，想一想 ICT 在零售業的經營上，還有哪些運用？或菸品店等）？

主要參考文獻

近藤公彥〈CRM 是一種組織能力〉《季刊行銷報導》第 107 號，第 16-31 頁，2008 年。

南知惠子《顧客關係策略》有斐閣，2006 年。

進階閱讀

☆想學習更多流通方面的基礎概念，包括商品搭配、庫存管理，以及和廠商之間的夥伴關係等：

　　石原武政、竹村正明編著《從零開始讀懂流通論》碩學社，2009 年。

☆想學習流通整體的結構和演變，以及通路業者與廠商之間的關係：

　　高橋克義《現代商業學〔新版〕》有斐閣，2012 年。

☆想學習 CRM 相關的各種理論：

南知惠子《顧客關係策略》有斐閣，2006 年。

第 12 章

門市立地與商圈分析

1. 前言

京都的鴨川，是由高野川和賀茂川在流過下鴨神社後匯流而來，匯流的地點就在出町柳。再稍微南下一段路程，就會來到三條大橋，這裡是京都首屈一指的鬧區——河原町。從三條大橋到四條大橋的沿岸堤防彼端，就是先斗町。每到夏天，先斗町的餐廳食肆，就會在鴨川沿岸搭起川床（簡而言之就是露天雅座），織就出京都的夏季風情畫。

鴨川的河堤上，聚集了許多年輕人。他們有些乘涼，有些等酒醒，有些是來泡泡鴨川水，有些就是來盡情喧鬧一番……這些也都是京都的風情畫。

從對岸眺望鴨川堤岸時，就會發現一件耐人尋味的事：坐在堤岸上的一對對情侶，都呈等距排列，也就是所謂的「鴨川等距法則」。究竟為什麼會出現這樣的現象呢？

因為情侶都想把兩人世界的範圍擴大到極限。

其實你我不時都會為了巧妙劃分空間，而做出諸如此類的決策。在商務上，我們經常可以觀察到的，就是便利商店或速食店的展店決策。

在第 12 章當中，我們就要來探討零售業的展店佈局。零售業者會根據展店地區的區域特性，巧妙地創造需求，同時也靈活地迎合在地需求。零售業者算盤打得精，要符合經濟效益才會展店。就算兩家門市開在相隔三十米道路的兩邊，也都是在「一定有獲利空間」的需求預測下，所做的決策。

　　在此，我們要先來看看「永旺」的新零售業態（以下簡稱「業態」）「我的菜籃」究竟是基於什麼原因，而在哪些地區展店，接著再從學理的角度，來分析這些原因。

2. 永旺「我的菜籃」

　　「我的菜籃」是永旺股份有限公司開發的新業態，第一家門市於二〇〇五年開設在橫濱市的保土谷區。永旺的總公司則位在千葉市美濱區，是日本經營流通相關事業的企業當中，規模最大的龍頭。二〇一一年度，相當於企業年營收的「營業收入」金額達 5 兆 965 億日圓，營業利益達到 1 兆 2389 億日圓。截至二〇一二年一月，「我的菜籃」在東京已有 107 家門市，神奈川縣內則有 126 門市。說到永旺，就不能不提它在郊區開發大型購物中心，再讓「佳世客」（JUSCO）進駐成為主力店的優勢策略；而在食品部分，永旺也以「美思佰樂」為名，開設了很多家郊區型食品超市。

　　相對的，「我的菜籃」則是一個在大都市東京與神奈川縣發展的食品超市通路。它的賣場面積平均約 150 平方米，和便利商店的大小相去不遠；但它與便利商店最大的不同，就是有售生鮮食品，以及商品以永旺的自有品牌「TOPVALU」為主。

　　「我的菜籃」的目標客群，是住在大都會市中心的消費者。圖 12-1 是日本國內首屈一指的黃金地段——東京都中央區、品川區和新宿區的人口變化。從圖中可以看出，這些地區的人口數都呈現上升趨勢。因此「我的菜籃」的主要客群，就是這些住在都市的消費者。

【圖 12-1　東京黃金地段的人口與家戶數變化】

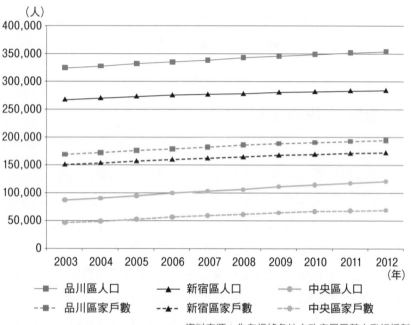

資料來源：作者根據各地方政府居民基本登記編製

◇「我的菜籃」展店策略

　　零售通路主要的顧客，都是門市所在地的居民。位在東京秋葉原的 AKB 咖啡館等商號，因為只此一家，所以當然會有很多來自大阪、福岡等地的客人。然而，一般零售通路銷售的商品，多半是全國各地都能買到的商品。既然如此，我們消費者當然就不會想特地跑到太遠的店家去採買了。

【圖 12-2　東京都中央區「我的菜籃」半徑 500 公尺範圍】

©2012Google 地圖資料 ©2012Google, ZENRIN
資料來源：作者使用 Google 地圖編製

【圖 12-3　「我的菜籃」小傳馬町店的商圈人口】

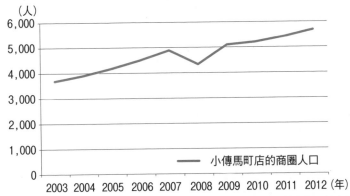

資料來源：作者根據小傳馬町居民基本登記編製

　　「我的菜籃」也和其他零售通路一樣，設定以「住在門市所在地的大都會市中心居民」為目標客群。圖12-2是東京都中央區的「我的菜籃」周邊街區地圖，商圈範圍涵蓋中央區日本橋本町、小舟町、小傳馬町、大傳馬町、堀留町，千代田區神田美倉町、紺屋町、東紺屋町、西福田町、北乘物町、岩本町和岩本町一丁目，共12個町。

　　「我的菜籃」在本區展店之際，必須先調查這12個町住了多少消費者。圖12-2當中以黑色網底標示的圓形，就是以「我的菜籃」為中心，半徑500公尺內的範圍。前面提到的12個町，都在這個圓形的涵蓋範圍之內。圖12-3則是這12個區的人口變化。本區人口雖在二○○八年時曾大幅減少4,317人，但除此之外，每年皆呈現上升趨勢。大都市、尤其是市中心這種人口變化的現象，就是所謂的「人口都心回歸」（人口回流市區）。而「我的菜籃」的目標客群，就是以這些住在市中心區，且人數年年增加的消費者為主。

　　其中像是日本橋小傳馬町這種辦公大樓區，目標客群就不會只有在地居民，就連白天在這附近工作的上班族，也會是「我的菜籃」鎖定的目標。

◇「我的菜籃」商品搭配

　　「我的菜籃」雖然是鎖定以住在大城市、大街區的消費者為目標，但既然要大舉展店，就必須評估一家門市究竟能招攬到多少顧客。圖 12-4 就是用來評估這個條件所使用的地圖。

　　　圖 12-4 是「我的菜籃」在品川區內的立地狀況。圖中畫了 4 個圓，都是以「我的菜籃」為中心，以 500 公尺為半徑所繪製。展店時考量的商圈設定條件如下：

　　首先，每家門市都有其特定的商品搭配。有些顧客的確會因為被這些商品搭配吸引，而上門消費。但即使是這樣的消費者，只要商家和自己所處的地點，相距超過 500 公尺以上，他們就會因為距離太遠而稍感抗拒。既然如此，那麼零售通路的展店策略，最好就以這種半徑 500 公尺的圓形為原則，整齊排列出來即可。實際上，從圖中也可看出，位處在品川區的這四家「我的菜籃」，展店時都很巧妙地避免了商圈重疊。於是，「我的菜籃」便選擇了在這種家戶或消費者眾多的地方展店。

【圖 12-4　「我的菜籃」門市商圈重疊狀況】

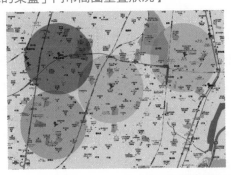

第 **12** 章

©2012Google 地圖資料 ©2012Google, ZENRIN
資料來源：作者使用 Google 地圖編製

3. 商圈分析

零售通路在展店時，要先從「確認當地有無潛在需求」開始做起。要算出有多少潛在顧客，就必須確定顧客會從哪些地方來消費（專欄 12-1）。

東京迪士尼度假區雖然不是零售業，但它能吸引全日本（甚至是東亞？）各地的顧客造訪。如此一來，潛在顧客恐怕就多達 1 億 2,600 萬人（其實應該要扣除 40 歲以上那些對米老鼠不感興趣的男士）。在這個例子當中，潛在顧客分布的範圍，可說是遍及全日本的每個角落。

相對的，便利商店就很難達到這樣的攬客水準——因為每家便利商店的商品搭配都大同小異，頂多就是賣不賣自有品牌的差異。況且這些自有品牌商品，也還不到讓消費者「非這個品牌不可」的地步，便利商店裡的包裝商品（Packaged Goods）都能取代它們。如此一來，盡可能在附近的門市購買，應該會比較省事。

◇零售吸引力與商圈

零售通路吸引顧客不遠千里來消費，就是所謂的「零售吸引力」（Retail Attractiveness）。圖 12-5 是零售吸引力的概念圖。如上所述，便利商店的零售吸引力並不強，而匯集許多零售商家的商店街等地，零售吸引力應該較為強大。就概念圖而言，零售商家外圍三角形較大的是商店街，較小的是便利商店。既然我們把這兩個三角形的「高」稱為「零售吸引力」，那麼從頂點往外延伸出去的範圍（若把三角形視為正三角形，那就是「高」左右兩側的 30 度部分），

專欄 12-1

用地理資訊系統來擬訂展店策略（麥當勞）

進行商圈分析時，必須取得很多細膩瑣碎的資料。這樣種勞神費事的大工程，其實是學者的強項。人口分布等資料，則是由各個基層地方自治團體（日本行政區劃上的最小單位，一般是市、町、村，東京則另有特別區，特色是首長由當地居民直接選舉。截至二〇一一年八月一日統計，日本國內共有 1746 個基層地方自治團體）掌握。這些資訊，應該會是數量相當龐大的數據。

為了替每個地點賦予更多意義，近年來，相關單位推動了一些大規模的措施。而整建一套名叫「地理資訊系統」(geographic information system，簡稱 GIS) 的資料庫，就是一個例子。規模最大的系統，目前是由日本的國土地理院負責研發。說得更具體一點，就是結合國土地理院的地形數據（簡而言之就是地圖），和基層地方自治團體、行政區或零售通路的獨家數據資料，管理各地相關資訊的一套機制。簡單來說，各位只要把它想成是「在地圖上可以呈現當地有哪些商家，住了哪些人」的一套工具。若能這樣整合數據，那麼商圈分析就會變得易如反掌。就連各位常用的 Google 地圖上，也有呈現商家資訊的功能。

實際上，麥當勞就是運用 GIS，巧妙地配合消費者的流動來安排展店位置。像麥當勞這樣的餐廳，開在車站前面不見得一定有利——畢竟會願意搭電車移動奔波，只為了去一趟麥當勞的消費者，其實並不多；反之，消費者在購物之餘，很可能會想在這些餐廳喘口氣、歇歇腳。如果要再區分得更仔細一點，那麼適合休息歇腳的地點，恐怕還會因為消費者是跟朋友購物、情侶逛街，或是帶著小孩採買，而有所不同。有些餐飲同業，一聽說麥當勞要在附近大馬路旁展店，就會稍微調整自家菜單，搬到附近巷子裡去另起爐灶。

　　除了政府主管機關或企業所保有的數據資料以外，諸如此類的商圈資訊，是否需要商家自行量測消費者動態，以建置獨家的資料庫呢？地形圖可使用國土地理院的資料，但每個地點的數據資料，還是要由商家自行蒐集（當然也可以購買市售的資料）。此時，了解當地的街區動態狀況，想必仍會是相當重要的工作。

＊圖 12-5 翻譯缺文，請留意

【圖 12-5　零售吸引力與商圈的概念圖】

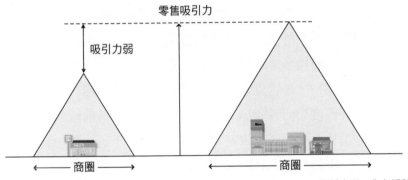

資料來源：作者編製

就是「會想前往該商家消費的消費者居住範圍」，也就是所謂的商圈。

◇零售吸引力的劃定

展店與否的決策，要在經過商圈分析之後，掌握哪個地點比較有利可圖，再據此做出決定——畢竟當零售通路搞不清楚究竟哪些人會到自家店裡來消費時，就很難從成千上萬的商品當中，選出合適的品項來陳列。所以，此時就會以「了解當地住的消費者是什麼類型」為出發點。若能依據這些消費者的需求，規劃店內陳設後，再正式展店，門市才會業績長紅。表 12-1 是決定零售吸引力的關鍵要素一覽表。零售吸引力的決定因素，大致可分為四種。

第一是市場區域特性。所謂的市場區域特性，就是呈現該地點特色的資訊。我們所居住的區域，有些是住宅區，有些緊鄰工廠；有些靠近馬路，也有些在商店街附近。當地有哪些建築，決定了這

第12章

個地方及其周邊的氛圍。

第二是個別消費者特質與特定情況因素。這是用來了解消費者（家計單位）樣貌的資訊。在這個階段，零售業者會調查商圈內有哪些消費者，所得多少，以及過著什麼樣的生活。最好能蒐集到他們喜不喜歡購物，是否覺得採買麻煩，教育程度如何，以及對自家品牌的喜好程度如何等資訊。我們甚至可以說：這項因素和零售商店之間的調性合適與否，決定了門市的業績。不過，這些資訊的取得，其實並不容易。尤其所得資訊對於經營事業的的人而言，是極其誘人的資訊，但它幾可說是不公開資料，需要業者花一點功夫，自行從納稅金額去推算。

第三是立地特色與競爭商場特性。它所指的，是零售通路有意展店的地點周邊環境特色等資訊。「位在市中心或郊區」等區域特性，是決定商店商品平均售價（客單價）的主要因素。在地商店街規模大小，和車站的距離遠近，以及周邊有無銷售同類商品的店家，都是通路業者在這個階段要調查的資訊。

最後是門市特性與行銷因素。所謂的門市特性，就是零售通路要開設的這家店在外觀上的特徵，例如賣場面積、樓層數、出入口數量、商品搭配、平均售價等資訊，都會決定一家門市的特性。此外，零售通路所投放的廣告，以及在促銷上所做的努力等行銷措施，也會影響門市的特性。一家三不五時就大特賣的零售商店，就算擺出高級商品，恐怕也會給人格格不入的印象。這些都是只要實際走訪店頭，仔細觀察後，相對比較容易取得的資訊。

【表 12-1　零售吸引力的決定因素一覽表】

概念	指標	調查項目
市場區域 特性	消費者（家戶）人口	人數、戶數
	消費者購買力分布	所得、納稅金額
	在地產業結構	生產設施數量、規模與分布
	在地流通結構	商業設施數量、規模與分布
	在地零售商家的種類與分布	地點、業種、業態
	交通路網結構	路線數、轉乘連通、道路網
個別消費者 特質與 特定情況因素	人口統計上的特點	性別、年齡、職業、教育程度
	社會經濟上的特點	所得、家庭結構、生命週期階段、生活型態
	購物需求	商品品質、設計、需求量
	購物限制	預算、時間、庫存
	購物知識	商品、商家
	消費者形象	商業區域、特定企業、特定商家
立地特色與 競爭商場特質	商店街特質	市中心、鄰近商店街、購物中心
	周邊商家的種類	種類分布
	非商業設施的種類	種類分布
	可近性	電車站、公車站、停車場
	周邊交通狀況、地形	電車路線、公車、交通流量
	競爭商家特質	顧客、營業時間、商品搭配
門市特性與 行銷因素	賣場面積、配置	平方公尺、貨架數量
	室內、外裝潢	顏色、大小
	設備	空調、電梯、兒童遊戲區
	停車場	大小、價位
	商品搭配	品質、價格、型態
	售貨員的人數與素質	問候、回答問題
	廣告	投放量、GRP、傳單量
	其他促銷	企劃活動次數、大特賣次數、規模

資料來源：中西正雄《零售吸引力的理論與量測》千倉書房，1983 年，依第 16 頁內容補充修正而成。

第12章

◇商圈分析的功能

分析商圈，是為了方便零售企業決定該在哪裡開設什麼類型的門市。只要知道當地居民的樣貌屬性，就能為消費者量身打造合適的商品搭配。這樣一來，說不定消費者就會願意經常上門光顧。

讓我們再回顧一次「我的菜籃」的概念。開設「我的菜籃」門市，頗有填補永旺既往企業策略不足的意味——因為永旺以往擅長的，其實是在郊區開發大型購物中心；一方面也在鄰近住宅區的地點，發展了中型食品超市「美思佰樂」。

然而，隨著「都心回歸」的風潮吹起，越來越多消費者定居在關東地區的市中心區，消費方式也相對闊綽，永旺要有一個業態來因應這些需求。而他們祭出的措施，就是「我的菜籃」。前面我們已經看過「我的菜籃」為迎合這些「都心回歸」的消費者需求，在商品搭配、陳列方式和營業時間等方面，加入了很多用心、巧思。而且為盡可能提升消費者在購物上的方便性（尤其是「容易上門光顧」這一點），「我的菜籃」還將辦公大樓區也納入展店範圍。因此，分析哪些族群（有多少資產的人）住在哪裡，人數有多少等資訊，便成了啟動展店業務的起點。

4. 立地選擇

對零售通路而言，「門市要開在哪裡」的決策，重要性舉足輕重。如前所述，先了解商圈特性，再依此調整商品搭配，（預估）就能推升門市的業績。但展店決策的重要性，其實不只是因為這樣，更是因為在零售通路的競爭當中，「佔到好位子」所帶來的效益相當可觀。搶先佔到絕佳地點的零售通路，就等於是站在遙遙領先同業的有利地位。

在此，我們要來想一想：究竟零售通路是怎麼選擇展店地點的？也就是要來探討如何選擇立地的問題（專欄 12 - 2）。綜上所述，我們知道零售業者要不是選擇在「商圈內消費者購物成本最低」的地點展店，就是考量競爭態勢，在「能將營業額衝到最高」的地點設點。接下來，就讓我們分別看看這兩種立地選擇。

◇降低消費者購物成本的立地選擇

從前面的探討當中，我們可以發現：「都心回歸」的消費者，不會在日常採買上花太多功夫。「花在日常採買上的功夫」指的是住處到門市的距離、商品品項齊全與否、陳列方法與人潮狀態等因素。而「花在日常採買上的功夫」，也就是所謂的「購物成本」，會受「到店所需時間」、「找到目標商品所需時間」影響。我們平常到便利商店買東西時，應該不會想過好幾個大馬路吧？

而要做一個「將消費者的購物成本降到最低」的立地選擇，就必須在商圈內挑選出一個地點，讓目標消費者的總購物成本降到最低（如果有這樣的地點可供選擇的話）。我們可以從以下這樣的角

第 **12** 章

度來思考：

　　圖 12-6 呈現的是零售通路在某個商圈裡的展店狀況。假設現在通路要在某個特定地點展店，從圖中可看出從五個目標家戶到門市的距離（以時間呈現），總計為 37 分鐘（從最左邊那一戶開始，往順時鐘方向相加後，算式為 12+7+3+10+5），平均每一家戶到店的距離（時間）為 37 分 ÷5 戶＝ 7 分 24 秒。

　　假設這家店改開在其他地點時，總計到店時間會變成 30 分鐘，那麼，這些目標消費者很可能會比較喜歡新地點。雖然我們不知道這五戶當中誰會佔到最多便宜，但以平均來看，到店距離降為 30 分 ÷5 戶＝ 6 分。這時如果再出現一個總計時間降到 25 分鐘的地點，消費者擁戴這個地點的機率，當然又會更高。

　　消費者的購物成本，當然不只有距離（時間）。因此零售通路展店時，想必還會再更多方評估各種資訊，例如商品搭配，或與同業之間的競爭態勢等。不過，整體概念都是一樣的——簡而言之，就是在某個商圈之中，做出妥善的立地選擇，好讓目標消費者在購物上所花的功夫（成本）降到最低。

【圖 12-6　「將消費者的成本降到最低」的展店概念圖】

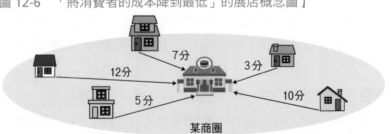

資料來源：作者編製

專欄 12-2

零售吸引力模式

　　一般認為，零售商圈的範圍，取決於零售吸引力的有無。圖 12-5 當中所呈現的概念，是認為零售吸引力能達到三角形的斜邊，但實際上並非如此。各零售商家的吸引力，其實是重疊的。因此商家的零售吸引力可能會被削弱，也可能因為魚店隔壁又開了一家蔬果行，讓這一帶採買更方便，促使零售吸引力更往外擴。如果附近有很多家零售商店，消費者就會考慮自己要光顧哪一家——這就是所謂的「零售吸引力模式」。

　　「零售吸引力模式」的概念，其實等同於牛頓的萬有引力定律，也就是「兩個物體之間的引力，和它們的質量成正比，和兩者的距離平方成反比」。若以生活周遭的事物為例，在一顆旭（McIntosh）品種的蘋果（約 100 公克）上，會有 1 牛頓的引力；在籃球比賽當中，我們投出一記罰球時，要花上約 5.9 牛頓的力氣。

　　而所謂的零售吸引力，就是當有兩家零售商店（也可以是兩個商業聚落）時，它們在當地散發的引力，就和「質量」成正比，和距離的平方成反比。當消費者進入這個場域時，就會被其中一家店吸引。問題是，這裡所謂的「質量」究竟是什麼？最簡單的答案是人口。一般認為，消費者會被人口多的地方吸引。不過，這樣的答案未免太過簡化，因此過去經常有人針對更實際的「質量」內容進行實證研究，例如兩家商店（聚落）的賣場面積、商品搭配的豐富程度或售價等。

第 **12** 章

◇考量競爭態勢的立地選擇

零售通路很難只憑商品搭配、品項豐富，就在市場競爭中勝出，所以還要比立地。既然要比立地好壞，那麼自家門市與競爭者之間要如何拿捏適當的距離，才能讓展店的效益更好，就是一個很值得評估的問題了——或許「若即若離」會是一個合理的答案。

圖 12-7 是兩家彼此競爭的咖啡店，在思考自家門市立地條件時的概念圖。我們先假設咖啡店就只有這裡有，消費者一定會從這兩家當中，選一家上門光顧；接著，我們再假設消費者很平均地分散在商圈各處（我們稱之為「均勻分佈」，uniform distribution），而消費者會選擇光顧離自己最近的商家。

【圖 12-7 「考量競爭態勢」的展店概念圖】

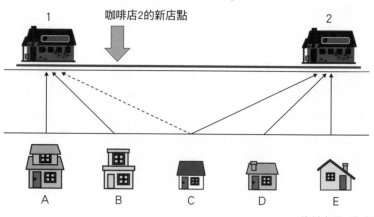

資料來源：作者編製

在目前的狀態下，住在 A 和 B 的消費者，會光顧咖啡店 1；住在 D 和 E 的消費者，會光顧咖啡店 2；而消費者 C 到兩家店的距離都相等，因此這次先假設他會到咖啡店 2 消費（下次是 1 也無妨）。目前 5 戶分配得很平均。這裡就讓我們來想一想：如果咖啡店 2 開在圖中箭號處的話，會出現什麼變化呢？

到時候，咖啡店 2 就會網羅從 B 到 E 的消費者；咖啡店 1 就只能招攬到消費者 A——因為離 B 最近咖啡店，變成了 2；剩下的 C、D、E，到咖啡店 2 雖然路程稍遠，較不方便，但因為沒有其他選擇，所以就只能無可奈何地光顧咖啡店 2，至少還是比去咖啡店 1 近。如此一來，咖啡店 1 應該會搬遷到 C 的正上方，以便爭取消費者 C 到 E 的青睞（實際移動位置讓大家看看）。

操作幾次之後，各位聰明的讀者，應該不難發現：對這兩家咖啡店來說，商圈內最理想的地點，就只有一個——也就是兩家店都開在消費者 C 的正上方，比鄰而居。再說得更準確一點，就是能將消費者分布切為兩等分的地方。

各位應該也都知道某些路段上拉麵店鱗次櫛比，或是像樂器街、舊書店街那種同業群聚開店的路段，應該都是上述這種競爭機制運作下的結果。零售業者若真的要在展店時考量競爭態勢，到最後都會選擇把店開在競爭很激烈的地方，而不是避開一級戰區——這一點倒是很出乎一般大眾的意料。

第 12 章

5. 結語

本章我們探討的，是零售通路的展店問題。要在零售業界的競爭中勝出，搶好位置（立地）是最有效的方法。因此，展店地點的決策（經營方針的訂定），堪稱是足以左右業績好壞的關鍵。也因為這樣，店舖開發（零售企業都設有專責部門，負責找尋可供展店的地點，並與所有權人協商）成了展店時最重要的業務。

不過，零售業者還是可以改採其他展店手法，例如不搶熱門地點，規劃不會與其他同業競爭的品牌概念，或是重新做好妥善的商圈設定等。本章介紹的「我的籃子」，就是為了巧妙地搶攻「都心回歸」的消費者，而開發的業態，堪稱是（重新）發掘了一群過去中型超市沒有網羅到的消費者。城市是活的，它會不斷地變化，而創造出這些變化的，就是我們消費者的一舉一動（動態）。若業態無法求新求變，去迎合消費者動態的轉換，生意恐怕就很難再繼續做下去了。

如果想知道城市風貌轉變的實際情況，去蒐集資料來分析，固然也是一種方法，但路並不是只有這一條——帶著書本（理論），上街去吧！

❓ 動動腦

1. 請試著整理出零售通路展店計劃當中的重要因素，想一想表 12-1 所列舉的那些資訊，該如何取得？

2. 到街上看看零售商家，查一查它們和其他同類商店開設的位置，大概相隔多遠？再運用這些調查數據，想一想本章介紹的理論是否正確？

3. 試著調查一些街頭的變化，看看在目前這些商家出現之前，原本在同一處開的是什麼店家？而這些店面會換人經營的原因，和本章所介紹的展店理論是 否相符？

主要參考文獻

DI 管理顧問公司《商家展店策略與營收預估》同友館，2007 年。

中西正雄《零售吸引力的理論與量測》千倉書房，1983 年。

林原安德《零售營收預估與立地判定實務》商業界，1998 年。

進階閱讀

☆想學習擬訂展店計劃時最不可或缺的「競爭商家調查」：

野田芳成《如何做好競爭商家調查》同文館，2009 年。

☆想學習展店策略研究的終極目標：

田村正紀《立地創造》千倉書房，2008 年。

☆想學習零售業如何因應消費者的變化，而做出各種進化：

月泉博《「流通策略」的新常識》PHP 出版，2007 年。

第 12 章

第 13 章

連鎖店的人才運用

1. 前言

在各位購物經驗當中，是否曾找到能讓自己感到「歡樂」的超市呢？聽到「歡樂的超市」，或許各位一時還摸不著頭緒。不過，能讓消費者大讚「歡樂」的超市，其實還不少。像本書第 6 章所介紹的「陽光超市」，以及本章要介紹的「哈洛日」，都是在地消費者盛讚「很歡樂」的超市案例。

本章我們要用廣受眾多消費者肯定，大讚門市營造得「很歡樂」的「哈洛日超市」為線索，學習人材運用的思維概念。因此，本章會說明哈洛日的門市究竟是如何歡樂，而這麼歡樂的門市又是如何打造出來的，還有在這些歡樂背後的「賦權」（把權限交付給第一線員工），又是什麼樣的一套機制。透過本章，我們希望各位能了解的是：賦權不僅能讓員工滿意，更能提高顧客滿意度，進而推升門市營收。

2. 哈洛日的案例

◇廣受消費者愛戴的門市

　　從外觀上看來，哈洛日就像是一般那種開在大馬路邊的超市。不過，一走進門市，一幕幕在其他超市裡看不到的光景，就會立刻吸引顧客的目光。以下向各位介紹哈洛日門市某天的情況。首先是在蔬果賣場的貨架上，擺出了一個仿岩山的巨大展示品，上面還放著幾隻松鼠的布偶，看來就像是在嬉戲似的。而在松鼠旁邊，竟還有高達 1 公尺的巨菇。整個店內的陳設，簡直就像是一座以童話世界為概念，所打造出來的「遊樂園」。

　　這種不像一般超市的光景，在各區賣場的貨架上也能看到。舉例來說，一些平常超市不會擺出來的商品，例如一整條要價 1 萬 8 千日圓的青甘，9,800 日圓的鱈場蟹等超值商品，還有用花枝和鮭魚排成雪人狀的前菜組合等，就和好幾種蟹腳、帶頭蝦、白肉魚切片等食材，還有含火鍋湯底在內的火鍋組合放在一起。

　　值得一提的是，這些陳列和組合商品、新商品，都是來自哈洛日員工（包括正職員工和計時人員）的想法。哈洛日的員工會依客群、時期、活動檔期，不斷推出新的妙點子。消費者看到如此活潑

【照片 13-1　哈洛日歡樂的店內陳設】

資料來源：哈洛日股份有限公司

的門市，便更能享受購物樂趣，感受發現罕見商品的歡欣，進而萌生「還要再來逛逛」的念頭。

◇哈洛日超市概要與成長契機

哈洛日股份有限公司（董事長兼總經理：加治敬通）是一九五八年創立於福岡縣北九州市的食品超市。截至二〇一一年三月，哈洛日的資本額為 3 億 6,182 萬 5 千日圓，年營收 616 億 7,900 萬日圓，已連續 19 年增收增益。該公司的員工總數雖有 2,806 人，但觀察箇中明細，就會發現正職員工僅 857 人，計時夥伴（計時員工）、工讀生則有 1,949 人。

目前哈洛日的經營狀態相當穩健，但在一九八九年，也就是加治董事長進入公司服務之初，其實經營得相當辛苦。加治董事長（當時為店長）雖在門市推動了多項改革，但真正讓哈洛日脫胎換骨的契機，是他們開始學會「傾聽消費者的意見」。

有一次，一位老太太找上了當時還是店長的加治先生，說：「我喜歡吃樂天的千層派，但我家老伴過世之後，我自己買一盒吃不完，拜託你想想辦法。」於是加治先生便請這位老太太隔天再來，自己絞盡腦汁，設法達成她的心願。後來，加治先生想到的方法，是把多種袋裝零食拆散，重新製成零食組合包，在店內特設的專區販售。

隔天，上門光顧的老太太看到了這樣的組合包，顯得非常開心，還說「我好高興！能買到適量的千層派，又能吃到很多種不同的零食。」其他顧客對零食組合包也讚不絕口。由於此舉成功地讓顧客滿意，又推升了營業額，加治先生本人也很高興。

　　有了這次的經驗，哈洛日開始傾聽顧客的意見，並在日常業務中導入了「時時深化新嘗試」的思維。他們靈活運用「計時員工」這些每天都在店頭接觸消費者的人力，打造出一套不斷挑戰新嘗試的機制。接下來，我們就要更仔細地來看看哈洛日究竟是如何落實「深化新嘗試」，以及在這些活動的背後，哈洛日又是如何為了活用計時人員的能力，而打造了人力運用的機制。

◇哈洛日的人才運用機制

(1)賣場提案的起點與擴大

　　哈洛日內部是自一九九〇年代中期起，就開始進行賣場提案（商品提案、銷售方式開發、店頭裝飾等）。當初是因為加治董事長看到員工擺出了廠商送的 Q 比（kewpie）娃娃，玩得很樂在其中，心想這些創意可以用在店頭陳列上，便指示員工依賣場分區，分組進行裝飾，動用一些經費也無妨。他也承諾，屆時會請表現最好的小組吃午餐。於是員工便各自擺上了娃娃裝飾賣場，還到家庭五金賣場和玩具反斗城等商家，去採買了需要的資材和玩具，自己動手做，打造出一個個精緻用心的陳列，據說水準遠超出了董事長當時的想像。而這也成了哈洛日內部進行賣場提案的起點。

　　起初會做這些賣場提案，並不是為了消費者，而是為了員工自己「好玩」的活動。到了後來，連消費者和廠商也都開始期待「下一檔會做什麼賣場提案」，員工的賣場提案也越來越大膽。例如每到西洋情人節檔期，門市就會把鮮魚區和肉品區都弄成粉紅色，還會推出加了巧克力的生魚片，或心型的壽司、生馬肉和牛排等商品，

不僅消費者大開眼界，連董事長看了都大吃一驚。

在構思新的賣場提案時，都是由各小組一起腦力激盪、集思廣益，將一個創意想法蘊釀成形。這樣的過程，讓工作變得更有趣，而打造出來的賣場陳設，又能讓消費者和廠商開心，員工的幹勁自然跟著上升。而創造出這種正向循環的「賣場提案」機制，就此在哈洛日內部紮了根。

⑵由董事長和員工進行活動評核：關懷與感動論壇

而真正鼓勵計時員工站出來參與賣場提案的機制，則是董事長的門市巡訪（現在已改稱為「關懷」）。以往的門市巡訪，是診斷門市好壞（發現缺點就提出「改善指示」）的機會。然而，大家都不喜歡被人指責缺失，於是哈洛日便將「門市巡訪」這個嚴肅的業務名稱，改為「關懷」。過程中若發現表現亮眼的賣場，董事長就給予「嘉勉」，並在關懷行程結束後，由董事長為各區賣場排名，發放獎金給打造出優質賣場的團隊。

經過這樣的調整之後，計時員工的行動為之一變。很多計時員工為了在關懷行程中爭取第一名，變得很積極提報賣場陳列的想法。不僅如此，這些計時員工在自己沒拿到第一名時，還會主動學習，例如向主管追問落敗原因，或去考察其他門市的第一名等。就這樣，哈洛日連計時員工都積極投入賣場提案，讓顧客更能感受到門市的「歡樂」氣氛。

計時員工的創意巧思，也擴及到了待客服務的改善活動上。他們會從消費者提出的意見當中，找出自己能處理的部分來著手改

善，積極提供給消費者更好的服務。而這樣的改善活動，也會在計時員工幾乎全員出席的年度改善發表會（「感動論壇」）當中披露、表揚。

　　就這樣，哈洛日安排了「關懷」和「感動論壇」等表揚活動（對員工而言就是成果發表）的機會。有了這些機會，小組的目標才會變得更明確，也才會有這麼多小組願意競相發揮創意巧思。

(3)員工研習與人事制度

　　要讓賦權創造更高的成效，光有一套能讓計時員工主動發揮創意巧思的機制，其實是不夠的。企業要協助計時員工和其他人員，讓他們了解在日常業務當中該做些什麼，或不該做什麼，進而透過整個企業組織的力量，來輔助那些從事創意工作的人——這一點也很重要。

　　因此，哈洛日超市總部（服務中心）運用了三項機制，引導計時員工往合適的方向發展。第一項機制，是為計時員工辦理經營理念研習（「小論壇」和「元氣會」）。哈洛日超市重視「感謝」他人，和給人「感動」，所以要透過這些研習活動，讓計時員工學習「感謝誰」、「何謂感動」、「怎麼做才能帶給他人（消費者和同事）感動」。如此一來，計時員工對於在賣場提案和待客服務改善方面，要如何為消費者或同事帶來感動，就會具備基本的共識。

　　第二項機制，是為正職員工所舉辦的講習活動。這項講習的內容，和計時員工的講習一樣，都是要讓學員學習感動、感謝的意涵。正職員工和計時員工都要對經營理念有同樣的認知，正職員工就會

第13章

懂得如何適時協助計時員工的活動。

第三項機制是人事制度。前面我們看到那些願意發揮創意巧思的計時員工，固然需要給他們合適的待遇，但也必須顧慮那些不參加創意工作的員工。畢竟在計時員工當中，有些人只想聽命行事，有些人要照顧小孩或長輩，無暇參與小組活動；況且公司似乎也沒必要賦權給那些選擇只要聽命行事（補貨或打掃等）的人。所以，哈洛日超市另外準備了一套人事制度，讓這些員工可以不必參與賣場提案或改善活動。

哈洛日透過以上這些方式整頓職場環境，讓員工理解整個組織團隊該做些什麼，讓員工彼此建立「正職員工願意輔助計時員工」的關係，進而讓有幹勁的計時員工能組成團隊，從事發揮創意的工作。如此一來，計時員工便能專心打造「能帶給消費者『感動』」的門市。

3. 透過賦權來活用人才

◇日本的非典型就業者

日本有越來越多產業選擇多加運用計時員工（部分工時勞工）或工讀人員等非典型就業者，減少全職人員（正職員工）的聘僱策略（圖 13-1）。若我們單以女性來看個別產業的非典型就業者比例，可發現批發、零售業的女性非典型就業者比例，竟高達 65.5%。

而超市裡的計時員工占比，當然也呈現了同樣的趨勢。從表 13-1 當中可以發現，每家連鎖超市系統的計時員工占比，都已達到了 7 成左右（哈洛日的比例也一樣）。除了東急商店（Tokyu Store）的計時員工占比較低（37.3%），是唯一的例外，其他超市

【圖 13-1　除經營高層之外，全職員工在事業單位所佔的比例】

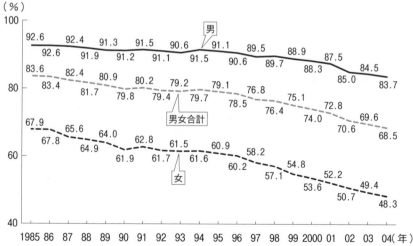

註：「全職員工」的定義，是由受訪者依個人在職場的職稱自行判斷。
資料來源：佐藤博樹等著《人事勞務管理素材〔新版〕》有斐閣，2006 年，引用自第 114 頁

第 **13** 章

【 表 13-1　日本大型超市連鎖與綜合超市的平均賣場面積與員工人數 】

企業名稱 [1]	平均賣場面積（m²）	門市平均員工人數		
		合計	正職員工人數 [2]	計時員工人數 [3]（計時員工占比）[4]
在地超市				
生活企業	2,529	81	19	62(76.5)
丸悅	1,858	69	22	47(76.5)
東急商店	3,039	102	64	38(76.5)
約克紅丸	3,291	72	15	57(76.5)
稻毛屋	1,412	48	12	36(76.5)
大型連鎖				
大榮	8,010	147	36	111(76.5)
伊藤洋華堂	10,111	221	81	140(76.5)
佳世客	7,361	142	44	98(76.5)
MYCAL	11,193	123	36	87(76.5)
西友	5,858	89	29	60(76.5)

[1] 超市和綜合超市皆為 2000 年營收排名前 5 名
[2] 「正職員工人數」為各超市系統門市正職人數加總後，除以各系統店數的數值。
　惟部分門市由於新開幕等因素，正職員工人數不明，故不予計算。
[3] 計時員工人數是將各超市系統的總部視為一個事業部，再用計時員工實際總人數除以「門市數 +1」的數值。
[4] 「計時員工占比」是用「平均正職員工人數」和「平均計時員工人數」計算出來的數值。
資料來源：本田一成（2002），本書作者改編第 50 頁表 3-1 後，自行編製而成。

即使賣場佔地較廣（門市規模更大），計時員工偏高的趨勢依舊不變。從這些數據當中，我們可以知道：在許多超市門市營運上，計時員工已成為不可或缺的要角。

　　計時員工以女性的占比居多。她們工作的目的，多半是想「賺點零用錢」或「補貼一點生活費」。女性計時員工的平均年齡為 45 到 40 多歲後半，任職年數多分布在 7 ～ 10 年，呈現長期、穩定的趨勢。而這些計時員工高學歷化的趨勢也越來越顯著，因此零售通路也開始出現一種風潮，就是把核心業務交給長期在同一家門市任職的優秀計時員工處理（請參考專欄 13-1）。在這樣的發展過程中，「賦權」的概念便開始受到了重視。

第 **13** 章

專欄 13-1

從計時員工到店長（思夢樂）

　　思夢樂股份有限公司（總公司位於埼玉市）經營成衣超市通路，在日本全國各地開設「流行服飾館思夢樂」、「Avail」等門市。該公司在一九五三年時，將原本的島村吳服店改制為公司，又於一九七二年將公司更名為「思夢樂股份有限公司」，之後便開始在日本全國開設成衣超市，目前集團旗下共有於 1,600 家門市。

　　思夢樂為住在地方城市的女性，提供了一個既能發揮個人長才，又能以計時員工（在思夢樂稱為「M（Middle 員工）」）身分工作，時間安排上不會太過勉強的職場。M 員工的工作形態，是每週上班五天，其中三天上長班（從開門到打烊），兩天上短班（從開門到中午過後），搭配出一份班表。

　　思夢樂的 M 員工會遵循門市營運系統（標準作業手冊），迅速確實、分秒不差地處理交辦的工作。思夢樂有多本標準作業手冊，鉅細靡遺地規範各項工作內容，故可打造出「準時（開店前 15 分鐘）到、準時走，不必加班，少有無謂工作」的工作形態。這對想在思夢樂工作，又想兼顧家庭的女性而言，是相當理想的制度。此外，若能想到比標準作業手冊更有效率的工作方法，M 員工也可提出業務改善方案，請求更改手冊內容。

　　M 員工會在門市裡的各部門調動，以便學會門市裡的各項工作。累積了一定程度的經驗之後，她們就能當上副店長（扮演輔佐店長的角色）。副店長的工作內容幾乎等同於店長，當店長不在時，就要負責處理門市營運上的各項業務。

　　再累積幾年經驗之後，M 員工就能再晉升為店長。只有在這個時候，M 員工才必須將身分轉為正職員工，工作也會改為每天長班。從計時員工開始做起的女員工，只要有心、有能力、肯努力，就能當上店長，接下掌管整家門市營運的重任。儘管制度上與哈洛日不同，

但就「妥善運用員工能力」的角度而言，思夢樂也是一個很耐人尋味的案例。

◇賦權的效果

(1)業務改善與門市營造的必要性

超市員工比較少有機會直接為個別消費者服務，頂多就是在收銀櫃台為消費者結帳時，或是回答消費者的疑難雜症而已。不過，為了要趁著有限的待客服務機會，留給消費者一個好印象，業者能不能從平時就不斷改善超市員工的待客服務方法與態度，至關重要。

儘管員工可以直接提供給消費者的服務有限，但間接的接觸機會卻很多。例如門市入口、購物籃或推車的放置區、賣場、走到、洗手間、休息室等，整家門市都是通路業者款待消費者的場域。此外，消費者購物時會看到門市設計、陳列、貨架等，這些都會影響門市的營收，最該是用心經營的重點。

就像這樣，超市員工應預期自己會直接、間接地接觸消費者，提升服務品質，加強門市清潔、裝飾。當業者需要員工滿腔熱血、自動自發地推動這些改善業務時，運用「賦權」的概念來引導，會是一個很有效的方法。

(2)賦權概念的導入與效益

所謂的賦權（empowerment），指的就是把決策的裁量權交給服務提供者（在本章當中是超市的計時員工）。導入賦權的概念之後，服務提供者就不必凡事都請示主管，也能主動設法改善服務，或回應顧客的需求、期望。

當員工處理一些不同於日常業務的工作，性質複雜且需要創意

時，正是運用「賦權」概念的時機，例如調整店內裝飾或擺設、當令食材提案、更換陳列，或業務改善等。創意工作有時並非一人獨力完成，需要和職場上的小組或主管合作進行。如此一來，就能想出比自己閉門造車更好的點子來提案，也可望透過團隊共事，而讓職場變得和樂融融。換言之，在為顧客創造更優質的服務之際，「賦權」同時也有透過工作，為服務提供者自己增加滿意度（員工滿意度）的效果。

◇為落實賦權所做的組織改革

由於賦權是要把權限交付給服務提供者，進而提升他們的自主性，所以往往有人會認為在導入賦權概念後，服務提供者就會馬上充滿幹勁地工作。然而，即使服務提供者得到了權限，如果主管一再拒絕他們的提議，或是他們提出了一些對該企業組織而言並不恰當的提案時，那麼好不容易才導入的賦權機制，便無法順利運作。

因此，為了讓這些服務提供者能恰如其分地行使權限，企業必須先整頓服務提供者所處的職場環境。具體而言，就是要調整主管的互動方式，改革組織，進而傾整個組織、團隊之力，打造出能讓「賦權」概念順利運作的機制。

(1)服務提供者與主管之間的關係

首先，留意服務提供者和主管之間的關係，至關重要。因為服務提供者和主管的關係，會影響賦權的成敗。舉例來說，假如有個主管很會限縮服務提供者自由行動的空間，那麼在他的麾下，服務

第13章

提供者就不可能做出獨立自主且充滿創意的決策。

若賦權機制運作順利，那麼主管和服務提供者之間，就必須建立一份可充分授權，並傾聽他（她）的意見，進而接納他（她）想法的關係。若主管願意這樣互動，他們就會傾聽服務提供者的意見，協助服務提供者進行各項活動，而服務提供者就會滿腔熱血，勇於在工作上積極提出自己的想法。

(2)為服務提供者所做的組織改革

想順利推動賦權概念，關鍵在於整頓職場，把職場打造成鼓勵員工自動自發、主動出擊的環境，讓服務提供者懂得如何妥善運用自己的權限。因此，企業組織內部的體系必須做出改變，讓整個企業組織（職場）願意共同推動賦權。具體而言，企業需要進行三項改革：

第一項是資訊共享。當服務提供者得不到企業組織的相關資訊時，他們便會顯得不知所措。為避免這樣的情況發生，企業最好能將自家企業的目標、理念、服務提供流程、既往與目前的成果，以及將來的活動目標等，都告知服務提供者。掌握面向如此廣泛的資訊後，服務提供者就能了解企業組織想追求的方向與目標，做出正確決策，並積極採取行動。尤其是當企業組織的目標與個人價值觀一致時，服務提供者的就會更有幹勁。

第二項是培養具備廣泛技能（skill）與職能（competency，在職務上可持續創造優質表現的個人特質，例如以客為尊的思維或社交能力等）的人才。企業在培訓人才之際，除了技術面的技能研習

之外，培養員工在人格或行動上具備某些特質的研習課程，也很有用。尤其在企業推動賦權的過程中，後者更顯重要。若能讓服務提供者養成「重視顧客的觀念」（以客為尊）和「做對所屬團隊有益的事」等個人特質，他們就會懂得如何做出讓顧客和員工滿意的決策。

　　第三項是調整獎勵制度。企業若想透過賦權來讓服務提供者發揮創意巧思，就必須導入與績效成果直接連動的「績效薪資」。只要能以薪酬的形式，肯定服務提供者的創意巧思或主動付出，想必服務提供者就會更充滿幹勁。

　　企業要先做好以上這些職場環境的整頓，「賦權」才能有效運作。本章所介紹的哈洛日，也是以整個企業組織為單位，打造相關機制，輔助計時員工的賦權運作。他們透過教育訓練來培訓計時員工，醞釀員工對組織目標和價值標準的共識。此外，哈洛日還安排了成果報告的機會，也擬訂了獎金制度，正職員工也願意協助計時員工進行的活動，使得計時員工得以創造出更優質的服務。像這樣動員整個企業組織，打造必要的機制，才能幫助企業實現真正有效的賦權。

第 13 章

專欄 13-2

服務價值鏈

誠如本章所述,「賦權」是透過提升員工滿意度,進而有效推升顧客滿意度和企業績效的機制。而「服務價值鏈」(Services Value Chain)就是從服務業的觀點,更通則性地解釋這個概念的一種架構。所謂的「服務價值鏈」,是一種串聯員工滿意度、顧客滿意度和企業收益的架構。因為有以下這些因果關係的存在,「服務價值鏈」方能成立:

①當企業願意傳授給員工一些在待客上所需的技能或能力,提升自家企業的服

務品質時,員工的滿意度就會上升。

②當員工滿意度上升時,員工對企業的忠誠度就會上升。

③當員工對企業的忠誠度上升時,員工就會在職場穩定任職(離職率下降)。

④當員工能依顧客需求,提供優質服務時,顧客就能得到物有所值或超乎期待

的服務,顧客滿意度也會隨之上升。

⑤滿意度極高的顧客,對企業的忠誠度就會上升。

⑥忠誠度極高的顧客,就會變成企業的回頭客,長期、多次選購同一企業的服務,企業營收因而上升,企業得以成長,獲利率也步步高升。

換言之,「服務價值鏈」所呈現的,就是員工的滿意度和行為,將大大地影響顧客所感受到的服務品質和顧客滿意度,進而帶動企業的營收成長、獲利攀升。成功的服務業,願意在人力資源上投資,導入能協助基層人員的技術或組織機制(例:賦權),並運用新的任用方法及員工教育訓練,以期能更充分活用人才。想必各位應該都能了解:企業推動這些措施,目的都是為了讓服務價值鏈發揮效益。

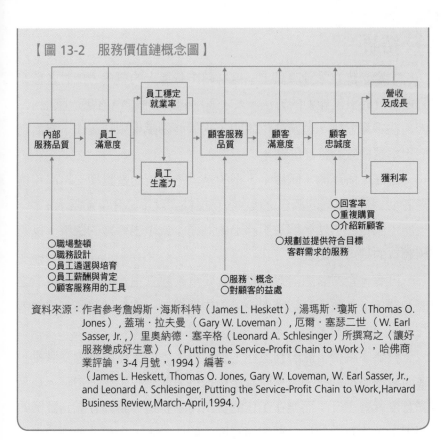

【圖 13-2　服務價值鏈概念圖】

員工穩定就業率

內部服務品質　員工滿意度　顧客服務品質　顧客滿意度　顧客忠誠度　營收及成長

員工生產力

獲利率

○回客率
○重複購買
○介紹新顧客

○職場整頓
○職務設計
○員工遴選與培育
○員工薪酬與肯定
○顧客服務用的工具

○規劃並提供符合目標
　客群需求的服務

○服務、概念
○對顧客的益處

資料來源：作者參考詹姆斯‧海斯科特（James L. Heskett），湯瑪斯‧瓊斯（Thomas O. Jones），蓋瑞‧拉夫曼（Gary W. Loveman），厄爾‧塞瑟二世（W. Earl Sasser, Jr.,）里奧納德‧塞辛格（Leonard A. Schlesinger）所撰寫之〈讓好服務變成好生意〉（〈Putting the Service-Profit Chain to Work〉，哈佛商業評論，3-4 月號，1994）編著。

（James L. Heskett, Thomas O. Jones, Gary W. Loveman, W. Earl Sasser, Jr., and Leonard A. Schlesinger, Putting the Service-Profit Chain to Work, Harvard Business Review, March-April, 1994.）

第13章

4. 結語

本章聚焦在「計時員工」這群超市營運上的要角，探討各種充分運用計時員工能力的方法。人才運用的核心概念，在於「賦權」。因此在本章當中，也為各位說明了兩個能讓賦權順利運作，進而創造出卓越績效的管理重點。

首先，所謂的「賦權」，指的是「把決策的裁量權交給服務提供者」。導入賦權的概念之後，服務提供者就不必凡事都請示主管，也能主動找出方法，解決服務上的問題；或做出適當的決策，以回應顧客的需求、期望。

再者，企業若想落實賦權，就要重新建立主管與服務提供者之間的關係，並重新打造整個企業的內部機制，才能激發服務提供者在工作上的幹勁。

只要「賦權」能順利運作，服務提供者的士氣就會大受激勵，進而積極發揮創意巧思。而當服務提供者能樂在工作之中時，員工滿意度就會上升；而樂在工作的員工巧手打造「讓顧客感到歡樂的門市」，也有助於推升顧客滿意度。如此一來，企業就能創造出更卓越的績效（請參考專欄 13-2）。

❓動動腦

1. 推動賦權時，有哪些重要的因素？

2. 看看雜誌或網路，找出導入賦權的企業案例，並仔細閱讀報導內容，想一想這個案例有哪些特徵，和哈洛日的案例又有什麼不同？

3. 假設各位打工的職場要推動賦權，這時：

　　①哪些工作的決定權適合交給計時員工或工讀生？

　　②若想讓各位的職場因為導入賦權，而創造出更好的績效，需要建立哪些機制？

主要參考文獻

山本昭二《服務行銷入門》日本經濟新聞出版社，2007 年。

克里斯多福・洛夫洛克、勞倫・賴特著，小宮路雅博監譯，高畑泰、藤井大拙譯《服務行銷與管理》白桃書房，2002 年。

（Christopher Lovelock and Lauren Wright, Principles of Services Marketing and Management,Prentice-Hall,1999）

巴特・范・路易、保羅・格默爾、羅蘭・范・迪耶多克編，白井義南審訂，平林祥譯《服務運作管理——整合的視角〔中〕》培生教育，2004 年

（Bart Van Looy, Roland Van Dierdonck and Paul Gemmel, Services Management An Integrated Approach,Second Edition,Pearson Education,2003）。

第13章

進階閱讀

☆想探討服務提供者該如何與消費者互動：

　白石昌則《福利社的魔力留言板》講談社，2005 年。

☆想知道當計時員工的那些家庭主婦的工作處境：

　本田一成《家庭主婦當計時員工：最龐大的一群非典型就業者》
　集英社新書，2010 年。

☆想更深入學習「思夢樂」如何運用計時人員能力，加速企業成長：

　小川孔輔《思夢樂與八百幸》小學館，2011 年。

第 14 章

網路超市的創新

第1章
第2章
第3章
第4章
第5章
第6章
第7章
第8章
第9章
第10章
第11章
第12章
第13章
第14章
第15章

1. 前言

「網路超市拯救不了購物難民」聽到這樣的說法，各位不覺得有點詭異嗎？所謂的購物難民，就是沒有像汽車這麼方便的交通工具，難以順利完成日常採買的族群，例如年長者等。據說這樣的購物難民，在日本有多達 600 萬人。而網路超市則是消費者可透過網路或行動電話下單採買，不必親自到店，商品就會送到家的超市。這樣看來，會認為「網路超市正是拯救購物難民的救世主」，不是很理所當然的嗎？

實際上，在少子高齡化的浪潮襲捲下，自二〇〇〇年前後起，很多超市為了網羅這群以年長者為主的「購物難民」客群，紛紛開始發展網路超市事業。然而，事業上線後，才發現網路超市的主要顧客根本就不是那些購物難民，而是在全力衝刺事業的世代。況且這些壯年世代的客群，和那些親自到超市採買的顧客，需求截然不同。換句話說，網路超市要成功，就必須訂立一套全新的思維，以滿足那些與現有超市顧客迥異的需求。本章我們要介紹的案例，是在眾家業者都因為無法確立新思維，而紛紛退出網路市場的過程中，少數讓網路超市事業步上軌道的「每日富雷斯塔」（everyday fresta）。

2. 每日富雷斯塔的事業沿革

　　每日富雷斯塔是一家以廣島市為根據地的食品超市業者——富雷斯塔股份有限公司的網路超市事業。富雷斯塔的前身，是一家自二戰前就在廣島市西區經營零食店、蔬果行的「山城屋」。到了一九六〇年，山城屋改名為「主婦之店 宗兼」，並在廣島市開設了第一家超市。後來，它又於一九九一年更名為富雷斯塔。截至二〇一一年二月，富雷斯塔已是資本額 9,300 萬日圓，年營收 655億日圓，並在日本的中國地區開設了近 60 家門市的連鎖超市，主要展店區域以廣島市為主。

　　富雷斯塔選擇進軍網路超市的背後，其實是因為他們看準了少子高齡化的趨勢。富雷斯塔公司內部早在二〇〇〇年時，就已認真評估網路事業。當年，他們認為日本的人口在二〇〇六年達到高峰之後，就會轉趨減少；到了二〇五〇年時，人口會比二〇〇〇年減少約 20％。若人口減少和少子高齡化的趨勢同步發展，那麼不僅食品的消費量會減少，超市的主要目標客群——有小孩的家庭也會減少。對超市業者而言，這是相當嚴重的問題。

　　在人口減少和少子高齡化的趨勢當中，如何爭取唯一有望增加的「年長者」族群，成了富雷斯塔的課題。受到郊區型購物中心蓬勃發展的影響，預估將有越來越多年長者淪為購物難民。尤其在廣島縣境內，預估少子高齡化和年長者的購物難民化趨勢，發展速度將比全國平均更快。而另一方面，當初也有預測指出，網路的家戶普及率，將在二〇〇〇年時突破 20％。綜合評估上述條件之後，富雷斯塔會考慮運用網路，來爭取逐漸淪為購物難民的年長者客群，

第14章

也是很自然的發展。於是富雷斯塔便自二〇〇一年起，以「每日富雷斯塔」這個品牌，啟動網路超市事業。

　　然而，開始發展網路超市事業之後，富雷斯塔才發現其實使用這項服務的年長者很少，推翻了他們的預期。此外，當初他們預估在開幕初期，會有很多年長者看過商品目錄後，打電話或傳訂單來訂購，但在二〇〇一年時，每日富雷斯塔的網路訂單率已突破總訂單量的三成，比當時的家戶網路普及率還高——也就是說，熟悉網路操作的年輕世代，使用網路超市的比例之高，超出了他們的想像。後來，這些來自網路的訂單仍持續增加，到了二〇〇八年時，每日富雷斯塔約有80％都是20到50世代的族群，透過網路所下的訂單。

【表 14-1　每日富雷斯塔的顧客年齡結構（2008 年）】

20 世代	3%
30 世代	32%
40 世代	29%
50 世代	16%
60 世代	8%
70 世代	9%
80 世代以上	3%

資料來源：作者根據富雷斯塔股份有限公司所提供之數據資料編製

　　表 14-1 是每日富雷斯塔在二○○八年時的顧客年齡結構分佈，其中佔最大宗的是 30 世代，有 32％，其次是 40 世代的 29％，以及 50 世代的 16％。這三個年齡層就佔了整體的 77％，也就是將近八成。在網路超市上線前，富雷斯塔內部預期年長者會是這項服務的主要目標客群，但實際上 60 世代卻只有 8％，70 世代是 9％，80 世代以上更只有 3％，三個年齡層合計僅達 20％。為什麼使用網路超市的主力族群，會是比較年輕的世代，而不是原本預期的年長者呢？

第 14 章

3. 網路超市的主要使用者與需求

圖 14-1 是富雷斯塔傳統門市的顧客結構。我們以「花在購物上的時間有多少限制」（時間限制）為縱軸，「前往購物時的移動，是否因為交通方式或健康問題等而受限制」（移動限制）為橫軸，將顧客分成幾個類別。

這樣分類過後，可發現右上角那群正在照顧長輩或帶小孩的家庭，不僅很難騰出時間來購物，又不方便移動，是最難到超市實體門市光顧的族群。其次則是時間稍微自由，但移動不方便的年長者和孕婦。在少子高齡化持續發展之下，預估這些顧客當中的育兒世代和孕婦將會減少，而年長者和照顧年長者的家庭則會增加。許多網路超市都是根據這樣的趨勢預測，而在二〇〇〇年前後投入這項事業，以爭取圖 14-1 右方欄位的顧客。

【圖 14-1　超市的典型顧客結構】

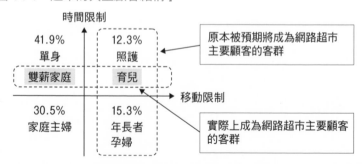

資料來源：作者根據富雷斯塔股份有限公司所提供之數據資料編製

　　然而實際上，這些客群並沒有成為網路超市的主要顧客。業者發現年長者其實是把到超市購物當成了一種樂趣；此外，他們也發現家有年長者需要照顧的家庭，在有看護等人協助，照顧者可以稍微偷空喘息時，也會積極選擇到店選購——推測購物很可能已經成為他們轉換心情的調劑之一。還有，富雷斯塔也發現孕婦等族群會頻繁地上門消費，還得知她們是把購物當成保健和散心的機會。換句話說，原本富雷斯塔預期會是網路超市主要使用者的這些家庭，其實是把到門市採買當作一種享受，所以並沒有使用網路超市的動機。

　　真正成為網路超市主力客群的，是圖 14-1 當中那些雙薪家庭，或因照顧小孩而忙得焦頭爛額的家庭。這些世代整天為了工作或育兒而奔波操勞，對他們而言，「到超市採買」是調度生活必需品的方法，而不是消遣。這些顧客覺得有了網路超市就可輕鬆完成採買，是一種很方便的工具，對它抱持正面接受的態度，並積極運用。這些「雙薪」、「育兒」家庭，和「照護」、「年長者」、「孕婦」等難以到店消費，卻把到超市當作一大樂趣的族群，在性質上又不太一樣。

　　這樣看來，表 14-1 當中，「30 世代到 50 世代使用者佔整體網路超市顧客 77％」的這個數字，也就不難理解了。同樣是 30 到 50 世代，這一群消費者，和經常到門市光顧的家庭主婦並不是同一個客群。「雙薪」、「育兒」家庭有採買生活必需品的需要，但很難親自到店消費。他們的需求，和相同年齡層、卻很輕鬆就能光臨超市的「家庭主婦」不同，所以才會在網路超市消費。

第14章

　　每日富雷斯塔把這個族群的需求，稱為「全代買」需求。所謂的「全代買」，是取代「上門採買」，而非補充門市購物的不足。以每日富雷斯塔為例，使用者有53％幾乎完全不到實體門市消費，只會在每日富雷斯塔購物。即使是會到實體門市購物的使用者，也僅有18％的使用者較常在門市消費，29％的使用者較常使用每日富雷斯塔。換言之，使用每日富雷斯塔服務的顧客，多數鮮少到店消費。他們在平台上完成所有日常採買，而不是利用平台補充到店消費的不足。

　　網路超市事業並不會搶食（cannibalization）超市實體門市的營收，甚至還能爭取到以往沒有網羅到的顧客，對超市而言相當有利可圖。

　　不過，既然要完全取代「上門採買」，市場對網路超市的要求也會變多，例如需要用到的設備，會比單純只補充到店消費的規模更大，還要銷售生鮮食品等需要嚴格管控的商品。服務雙薪家庭和育兒家庭的「全代買」，是一項新的需求，網路超市究竟要打造出什麼樣的商業機制，才能滿足這項需求呢？

4. 支撐網路超市發展的機制

◇網路超市的兩種類型：門市型與倉庫型

　　網路超市大致可分為兩種類型：門市附設型（以下簡稱門市型）和倉庫型。門市型的服務型態，是在門市揀貨後，送到後場包裝後配送出貨；相對的，倉庫型則是會另設網路超市專用的倉庫，並在此處理包括接單、庫存揀貨、包裝、配送等所有作業。

　　在倉庫型網路超市的倉庫當中，會把每個顧客的集貨箱（照片14-1當中的白色保麗龍箱）放在輸送帶上，再把商品放進集貨箱裡。哪項商品要放進哪個集貨箱，全都以電腦管控，只要集貨箱來到儲放訂單商品的貨架前，燈號就會亮起，並顯示訂購數量。員工只要根據這些指示，將商品放入集貨箱，再按熄燈號，代表完成作業即可。這種作業方式，就是所謂的「電子揀貨」（digital picking）。它的商品挑揀作業更容易，也不容易出錯。此外，這種網路超市還會將常溫商品放在接近輸送帶起點處，需冷藏的生鮮食品放在接近終點處，需冷凍的食品則放在最後，讓需要嚴格溫度管控的商品放

【照片 14-1　每日富雷斯塔配送中心的外觀與內部作業實景】

資料來源：作者拍攝（已取得富雷斯塔股份有限公司許可）

在最後裝箱。倘若顧客的需求是「全代買」，業者就必須處理大量的商品，其中還包括生鮮食品等不易控管的品項，那麼有專用設備的倉庫型網路超市，會是比較合適的選擇。

不過，要開設倉庫型網路超市，需設置備有專用設備的倉庫，因此固定費較多，損益平衡點也較高（請參考專欄 14-1、圖 14-2）；損益平衡點變高，業者要轉虧為盈的難度也會變高。所以，很多投入網路超市的業者，都選擇了採取固定費較低的門市型。

然而，由於門市型超市欠缺專用設備，也因此而衍生了一些難處。要從佔地寬廣的實體超市店面，正確無誤地挑揀出訂單上的商品，回到狹窄的後場打包、出貨，操作起來並不容易。要是訂單一多，門市又沒有專用設備，屆時勢必需要加派人手來因應，將導致人事費用上升。況且單純只以人工作業，能處理的業務還是有限，碰到訂單過多時，還是會有應接不暇之虞。業者若要充分因應顧客「全代買」的需求，那麼既能妥善運用專用設備，作業效率又高的倉庫型，會是效益較佳的選擇。

【圖 14-2　門市型與倉庫型的損益平衡點差異】

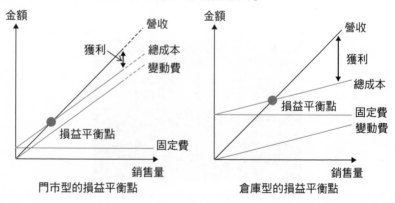

資料來源：作者參考 2011 年 2 月 9 日《日經 MJ》編製

損益平衡點

　　所謂的「損益平衡點」，其實就如字面上所示，指的是虧損和獲利的分歧點。換句話說，就是營業額和成本剛好相等，超過這個點就有獲利，達不到就會出現虧損的分水嶺。

　　若以圖表形式來呈現這個概念，就會如圖 14-2 所示。「營業額」的這條線，用的是售價乘以銷售量所計算出來的數值。而「成本」則有兩種，一是變動費，一是固定費。變動費是會依產能利用率波動的成本，以製造產品的工廠而言，產品的材料費就是變動費；還有工讀生或計時員工的人事費用等，也都是很具代表性的例子。至於固定費則是不論產能利用率如何，金額都不會變動的成本。它最具代表性的例子，就是興建工廠或店面時，花在土地、設備上的成本。附帶一提，所謂的「產能利用率」，簡單來說就是工作量，在網路超市通常都會用銷售量來作為衡量標準。而總成本的線條先是以固定費為截距，之後再視銷售量多寡，隨變動費（變動費率）的斜率延伸。如此畫出總成本的斜線和營業額斜線後，兩者相交之處，就是損益平衡點。

　　損益平衡點通常會用以下的公式來計算：

　　損益平衡點＝固定費 ÷〔1—（變動費 ÷ 營業額）〕

　　損益平衡點越低，當然就意味著越容易獲利。不過，這也並不表示我們只要一味地壓低成本就好。業者如果為了撙節固定費而調降設備投資，可能會導致業務無法順利運作；若是為了撙節變動費而在人力或原料的品質上妥協，可能會導致業務品質大打折扣。如此一來，就算損益平衡點降低，銷售量恐怕也將會減少。倉庫型的網路超市雖會因設置專用設備而導致固定費大增，但這些設備有助於提高業務品質，推升銷售量，進而帶領整個事業跨過損益平衡點。

要因應「全代買」的需求，固然是以倉庫型的網路超市效益較佳，但它龐大的固定費，仍舊是一大問題。尤其要考慮的是：網路超市是否能確保足夠的銷售量，支撐營收跨過損益平衡點。因此，業者能否將顧客化為會員，讓他們組織化，進而成為固定客群，是經營網路超市的一大關鍵。一般而言，門市型的網路超市只要有幾百位會員，營收就足以跨過損益平衡點；相對的，倉庫型則要有5,000名以上的會員。

只要能確保足夠的銷售量，讓營收跨過損益平衡點，倉庫型的網路超市就能展現出它的優勢。倉庫型網路超市有專用設備，作業效率極佳，即使銷售量成長，人事費用等變動費也不致於增加太多。所以，當銷售量成長時，倉庫型網路超市的獲利成長會比較可觀。

◇運用巧思，活用倉庫型網路超市的優勢

網路超市想爭取更多會員，進而留住這些顧客，就必須提升顧客滿意度。網路超市既然是零售業，那麼「提升顧客滿意度」當中最基本的工作，就是品項要夠齊全。在這個面向上，網路超市具有一般實體超市所沒有的優勢——那就是看得到機會損失（請參考第5章）。一般實體超市在商品售罄時，才會推測可能發生了機會損失，但並不知道程度多寡；而在網路超市裡，即使商品已經售罄，還是能記錄有多少顧客對該項商品按下了購買鍵，所以當然知道發生了機會損失，還可以掌握機會損失的數量。此外，每位顧客做了哪些操作，系統上也都會留下記錄，所以業者能精準地掌握顧客結構——就像圖14-1看到的那樣。而這也是網路超市的優勢。這些記

錄都是業者下次安排商品搭配時的寶貴參考資訊，也有助於提升顧客滿意度。

　　「組織體制」也是提升顧客滿意度的一大關鍵。在門市型網路超市，我們常看到業者會以門市的多餘人力來支應相關需求，但這樣的組織體制，畢竟還是有它的極限。例如會發生「目錄的更新頻率太低，顧客覺得了無新意」、「無法自行應付配送需求，只好委外辦理，與顧客缺乏面對面的接觸」、「停止收單時間配合門市營業時間訂定，忙碌的雙薪或育兒家庭，很難在工作或家事告一段落的深夜時段使用」等問題。門市型網路超市為解決這些問題，固然也運用了很多巧思，但越是用心，越會導致人事費用攀升。說穿了，其實終究還是設有專用設備，多數作業都機械化、自動化的倉庫型網路超市，更能因應諸如此類的細膩需求。倉庫型的作業效率更好，可提供更準確無誤的服務，最終也有助於提升顧客滿意度。

　　倉庫型網路超市的固定費，當然不會因為顧客滿意度提升，或銷售量增加而減少。業者要盡可能發揮創意巧思，有效運用有限的設備，盡量抑制固定費膨脹。

　　其中最基本的因應之道，就是倉庫的配置。如何用最精省的人力，有效率地將訂單商品放進集貨箱，是倉庫配置上的重點；而在商品的品質管理方面，倉庫配置也是一大關鍵。例如不太需要溫度管控的品項，以及要先放進集貨箱裡的品項，應安排在輸送帶的起點處；生鮮食品和冷凍食品等需要嚴格溫度管理的商品，則要配置在輸送帶的最後段。就這個角度而言，倉庫配置不僅攸關作業效率，更是影響顧客滿意度高低的決定因素。

第 14 章

專欄 14-2

帕雷托法則與長尾理論（亞馬遜）

說亞馬遜是網路電商業界最成功的企業之一，應該不會有人表示異議。亞馬遜成立於一九九四年，年營收 342 億美金，營業利益逾 14 億美金。日本出版業長期都被認為是景氣寒冬，但若採用亞馬遜的這種商業模式，可銷售的商品種類更豐富多元，是一般書店無法企及的水準。

一般認為，零售業 80％的營收，都來自於銷售排名前 20％的商品。其他還有很多社會現象，也是由排名前 20％的項目，發揮影響整體 80％的效果。這樣的關係，我們稱之為帕雷托法則（Pareto Principle）或 80／20 法則。若以圖示來呈現這個法則，就會如圖 14-3 所示。當我們依營收貢獻多寡，將商品由左到右排列時，則最左側的商品營收貢獻最多，越往右，營收貢獻越少。零售通路因為賣場面積有限，可陳列的商品也有限。若依帕雷托法則來思考，業者應該集中選擇圖左側那些營收貢獻度高的商品來銷售，才能創造更高的效益。

不過，網路電商因為沒有實體店面，故不受賣場面積的限制。況且商品只要放在倉庫存放即可，保有庫存的成本，比陳列在門市銷售少了一大截。因此，網路電商連那些一般零售通路不太願意銷售的商品，也都積極保有一定庫存量。這些商品，就是圖 14-3 當中的右側

【圖 14-3　長尾曲線】

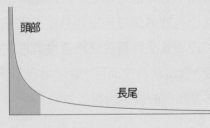

部分。由於它們看起來就像是恐龍的長尾巴，故被稱為「長尾」（long tail）。連一般零售通路沒有銷售的商品，網路電商都能供應，可說是一般零售通路望塵莫及的優勢。

　　網路超市當然也屬於網路電商，故可操作部分的長尾型庫存管理。然而，由於網路超市還要銷售很多生鮮食品等難以長期保存的商品，因此懂得如何篩選庫存品項，排除無謂庫存，至關重要。這一點和傳統實體超市一樣。長尾曲線的概念，其實還要仔細評估通路銷售的產品性質，不見得可以無條件地套用在所有網路電商平台。

第14章

　　將商品放進集貨箱，並包裝完成後，接著就是要交給配送車，進行宅配作業。每日富雷斯塔在揀貨時，就已依不同配送路線分別進行包裝作業，因此商品包裝完成後，可整批送上配送車，不必再依配送路線重新分類。

　　每日富雷斯塔的配送車裡，也蘊涵著很大的巧思。這一款配送車在左、右、後三個方向都有門，故從任一方向都能輕鬆裝卸商品，物流人員不必在配送過程中重新調整商品擺放位置，配送作業進行得更順暢。

　　不過，雖然這一款小型配送車很適合近距離配送，卻不適合用來做長途宅配。每日富雷斯塔的倉庫位在廣島市西部，廣島市東部的訂單，就很難用這些車輛來配送。可是，在廣島市東部增設一個倉庫，又會墊高固定費，吃掉公司獲利。於是每日富雷斯塔選擇將在西部倉庫包裝完成的商品，用大貨車運到東部，到了東部再改用小型車配送。選擇這個方法，就只要在東部建置轉運用的簡易配送中心即可；至於接單、揀貨、包裝等作業，仍統一在西部的倉庫進行，更提升了倉庫的稼動率。每日富雷斯塔將這種只用一個倉庫，就能擴大配送至原本可配送範圍外的做法，稱為「接駁配送」。這樣的巧思，讓每日富雷斯塔得以在固定費不致於大增的情況下，擴大配送範圍，成功地提升了銷售量。

5. 結語

透過每日富雷斯塔的案例,我們說明了傳統超市與網路超市的客層、需求有何不同,因此用來滿足這些需求的機制也不同。傳統超市和網路超市所銷售的商品,固然差異不大,但既然客層與需求不同,就算是銷售同樣的商品,也需要運用截然不同的商業模式。在思考商業問題之際,我們往往只注意到商品本身的好壞,其實銷售商品的機制,也是事業能否成功的一大關鍵。

第 **14** 章

❓動動腦

1. 請整理出門市型網路超市和倉庫型網路超市有哪些不同，想一想它們分別適合用來因應哪些目標客群的什麼需求？

2. 若想開設一家以學生為主要目標客群的網路超市，適合選用門市型，還是倉庫型？原因是什麼？

3. 若想開設一家以年長者為主要目標客群的網路超市，像每日富雷斯塔這樣的倉庫型網路超市，需要做什麼改變？原因是什麼？

主要參考文獻

石原武政、竹村正明編著《從零開始讀懂流通論》碩學社，2009年。

進階閱讀

☆想學習獲利、營收、成本等會計知識：

谷武幸、櫻井久勝《從零開始讀懂會計學》碩學舍，2009年。

☆想更了解包括網路超市在內的流通整體趨勢：

矢作敏行《現代流通》有斐閣，1996年。

☆想了解除網路超市外，其他網路電商都適用的基礎概念——長尾理論：

克里斯·安德森《長尾理論：打破80/20法則，獲利無限延伸(增訂版)》天下文化，2016年。

第 15 章

零售業的跨國發展

第1章
第2章
第3章
第4章
第5章
第6章
第7章
第8章
第9章
第10章
第11章
第12章
第13章
第14章
第15章

1. 前言

自一九九〇年代後期起,許多外資零售業紛紛投入日本市場,其中包括了玩具反斗城(Toys "R" Us)、好市多(costco)、沃爾瑪、颯拉(ZARA)、宜家家居(IKEA),以及 Forever21 等,歐美各國零售業的佼佼者全都到齊。而日本的零售業者也大膽地挑戰跨國發展。從三越、伊勢丹等最具代表性的百貨公司,到永旺、伊藤洋華堂等綜合超市,到 7-Eleven、全家便利商店等便利商店等,都積極地進軍海外。此外,優衣庫(uniqlo)和良品計劃等專門店,也在全球展露頭角。想必在讀者當中,也有人在這些來自歐美的休閒服飾通路消費過,或在亞洲各地旅遊時,去過這些日系品牌的便利商店吧?

這些零售通路的跨國發展,基本上都是以在海外展店為主。從消費者的角度大致瀏覽一下這些通路,並不覺得這些零售業者在國外開設的門市,和日本國內有什麼太大的差異。然而,若再仔細觀察商品搭配和銷售手法,就可以發現很多不同之處。還有,為了開出這些門市,零售業者在背後付出了莫大的努力,才建構出足以在海外展店的各項機制。他們的跨國發展,絕不僅止於在海外開店而已。本章的主旨,是要用「永旺」這家以綜合超市為主軸,跨足亞洲市場的連鎖企業為例,說明零售企業在進行跨國發展時,需具備的基本觀點與活動。

2. 跨越國境的永旺

◇進軍海外的背景

　　永旺股份有限公司旗下擁有綜合超市與食品超市等多種業態，是日本極具代表性的零售企業之一。永旺原名佳世客（JUSCO），這個名稱的起源，要從一九六九年時，早期在三重縣開設和服店的岡田屋，找上兵庫縣的二木（Futagi）和大阪府的西羅（Shiro），成立共同採購公司說起。當時的公司名稱「佳世客」（JUSCO），是取「日本聯合商店公司」（Japan United Stores Company）的英文字首而來。後來它陸續將在地的大型超市納入集團旗下，壯大成全國聞名的大企業，並於時序進入新世紀之際，更名為「永旺」（AEON）。這個字是拉丁文當中的「永遠」，名稱中蘊含著「把『為顧客貢獻』當作永遠的使命」的企業理念。

　　永旺在海外市場的佈局，始於一九八四年進軍馬來西亞和泰國，迄今已有約 30 年的歷史。而跨足這兩國的契機，都是因為當地期盼在流通現代化的過程中，能有永旺助一臂之力，因而向永旺招手所促成。在亞洲流通業先進大國日本的零售業當中，永旺一直扮演領頭羊的角色。也就是這份成績，讓兩國都對永旺充滿期待。

　　然而，各位讀完本章後就能了解，當時日本的主流意見，認為「零售業的在地色彩強烈，就算進軍海外，也是做虧本生意。倒不如留在國內，還有很多該做的事」。不過，面對眼前這個充滿未知的無限可能，當時的岡田卓也總經理滿懷熱情，表示「我想把佳世客長年累積的零售專業，運用在馬來西亞市場，為流通的現代化和提升國民生活水準做出貢獻」，做出了英明的決策。

　　永旺的前身是和服商行岡田屋。永旺繼承了它的信條，推崇「在中流砥柱裝上車輪」這個家訓。通常，撐起一個家的中流砥柱是不動的，但這句家訓，在提醒永旺人：即使是中流砥柱，也需要視環境變化而調整。永旺進軍海外市場的決定，其實是著眼於經濟全球化的腳步將日益加速，想用既往所累積的專業，在海外市場試試身手。這種勇於挑戰的態度，成了推動永旺的原動力，開啟了他們進軍海外的腳步。

◇進軍海外的過程與現狀

　　緊接著在隔年，永旺跨國發展的腳步又踩進了香港。到了一九九五年，永旺再以香港的發展經驗為基礎，勇闖中國和台灣市場。當時中國由於市場經濟的發展，經濟成長備受期待。永旺以廣東省為起點，建立了以華南地區為中心的門市網（表 15-1）。而永旺在進軍海外市場時，會採用的做法有兩種：一是與當地企業合資設立子公司，否則就是成立獨資子公司（專欄 15-1）。

　　目前，永旺在亞洲的三個國家設有 101 家門市，業態以綜合超市及食品超市為主（表 15-2）。二〇〇一年時，永旺以成為「在全球展露頭角的零售企業」為目標，祭出了「global 10」的構想，將零售市場快速成長的中國和東南亞列為投資重點區域，朝「亞洲零售業龍頭」的方向邁進。

【表 15-1　永旺的跨國發展簡史】

年度	事項
1984	・馬來西亞國營建商布蘭邦（peremba）公司合資成立佳雅佳世客百貨（JAYA JUSCO stores），首度跨出海外（9 月 15 日）。 ・在泰國與發展娛樂及不動產業的好萊塢街中心（Hollywood street center）合資，在當地成立法人公司暹羅佳世客（Siam JUSCO）（12 月 18 日）。
1985	・佳雅佳世客百貨開出第 1 家門市宏圖（Dayabumi）店（6 月 28 日）。 ・在香港當地獨資成立法人公司佳世客 (香港) 百貨（12 月 27 日）。
1986	・暹羅佳世客開出第 1 家門市拉差當碧沙（Ratchadapisek）店（12 月 14 日）。
1987	・佳世客 (香港) 百貨於香港開出第 1 家門市康怡店（11 月 20 日）。
1995	・由佳世客百貨香港在中國廣東省與當地的廣東天貿集團合資，成立廣東吉之島天貿百貨有限公司（12 月 12 日）。 ・在台灣台北獨資成立台灣永旺百貨股份有限公司（12 月 15 日）。 ・在中國上海與東南亞華僑財團郭氏集團合資成立上海佳世客（12 月 18 日）。
1996	・在中國山東省與青島市的國營企業，也是農會組織的青島市供銷合作社合資，成立青島東泰佳世客（3 月 21 日）。 ・廣東吉之島天貿百貨有限公司於廣州開出第 1 家門市——廣州佳世客天河城店（7 月 1 日）。 ・上海佳世客開出第 1 家門市——上海佳世客不夜城店（9 月 10 日）。
1998	・成立亞洲總部，統一輔導亞洲各地的事業發展（3 月 5 日）。
2000	・上海佳世客不夜城店歇業，退出上海市場（7 月 23 日）。
2001	・推出「global 10」構想，目標闖進全球前十大零售企業。

第 15 章

年度	事項
2002	·與佳世客（香港）百貨在中國廣東省合資成立永旺（中國）商業有限公司（5月23日） ·永旺（中國）商業有限公司於深圳開出第1家門市——城市廣場店（9月28日）。
2003	·台灣永旺百貨開出第1家門市——佳世客新竹店（7月18日）。
2004	·透過永旺（香港）百貨有限公司（由佳世客（香港）百貨更名而來），在中國成立獨資子公司永旺（中國）投資有限公司，首開日本零售業的先例（9月8日）。 ·佳雅佳世客百貨歡慶20週年，更名為永旺馬來西亞（9月15日）。
2007	·於中國北京成立獨資子公司永旺商業有限公司（4月18日）。 ·暹羅佳世客更名為永旺泰國（8月1日）。 ·為加速中國展店腳步，與總部位在上海的建商上海上實集團有限公司業務合作（10月）。 ·佳世客中和店歇業，佳世客退出台灣市場（12月17日）。
2008	·永旺商業有限公司開出第1家門市——北京國際商城店（11月7日）。

資料來源：作者依佳世客股份有限公司編《佳世客三十年史》2000年，以及永旺股份有限公司新聞稿編著。

專欄 15-1

海外市場的進入模式

企業在進入國際市場時所使用的方法，就是所謂的「進入模式」。零售業者在跨國發展時所使用的進入模式當中，較具代表性的有以下幾種：

首先是永旺在進軍馬來西亞和泰國時所用的「合資」。它是指外資和本土資金合作，共同經營事業的一種方法。在地合作夥伴熟悉當地環境，知識和經驗皆可供外資業者運用，是事業發展上的一大助力。不過，這個模式會衍生出「找尋理想合作夥伴」、「與合作夥伴整合意見」等難題。

其次是從一開始就由自家公司全權處理一切事宜，自行判斷、負責的「獨資子公司」（wholly owned subsidiary）。永旺在進入香港和中國市場時，用的就是這個方法。它可以確保企業在拓展事業版圖時迅速地做出決策，也能保障企業的領導統御能力，還能防範經營專業外流。不過，獨資子公司模式需要投入龐大的經營資源，而且在事業上軌道前，要經過一段嘗試錯誤的時間。這種方式又被稱為「綠地投資」（greenfield investment），取其「在未經開發的土地上，從興建建物開始做起」之意。

另外還可以依法與其他已存在海外市場的當地企業整合，也就是所謂的「合併」（mergers）；或直接買下這些企業，進行所謂的「收購」（acquisitions）。這兩個詞可用字首簡稱為併購（M&A）。併購可讓企業取得具備豐富知識與經驗的人才，或現有的設施、設備等經營資源，可幫助於企業加速壯大事業版圖。然而，併購需要龐大的資金，要挑選出合適的併購對象，也頗具難度。

再者就是業主根據合約，將經營知識（門市營運的專業等）及商標（品牌）使用權利提供給加盟者，並收取加盟金或權利金（使用商標或經營指導的對價）作為對價，也就是海外的「加盟」。儘管這種方式會衍生複雜的法律要件與加盟者管理等難題，但可以較低成本，在短期內大舉進軍多處海外市場。此法多半會在企業要打入地理上、文化上都較有距離的市場時使用。

超出版心了，要多一頁嗎？前後都是表格，有點難決定放哪？

【表 15-2　永旺的全球展店佈局】

國家	業態	85	86	87	88	89	90	91	92	93	94	95	96	97	98	99	00	01	02	03	04	05	06	07	08	09	1
馬來西亞	GMS	2	2	2	2	2	2	3	4	4	4	5	5	6	6	7	8	9	11	11	13	16	18	19	21	2	
	SM																			1	2	5	5	4	4		
	其他																										
	小計	2	2	2	2	2	2	3	4	4	4	5	5	6	6	7	8	9	11	11	14	18	23	24	25	2	
泰國	GMS	1	1	1	1	2	2	3	3	3	3	3	3	3	3	3	4	4	4	4	4						
	SM		1	1	1	2	2	3	4	5	6	7	7	10	6	6	6	6	6	7	7	6	8	9	10	1	
	其他																										
	小計	1	1	2	2	3	4	5	6	7	8	9	10	10	13	10	10	10	10	10	7	7	6	8	9	10	1
香港	GMS		1	1	1	2	4	4	4	4	4	4	5	8	8	8	8	8	7	7	7	7	6	6	6	5	
	SM																				1	2	3	3	4	5	
	其他																	1	4	7	9	12	14	18	21	2	
	小計		1	1	1	2	4	4	4	4	4	4	5	8	8	8	9	9	11	14	17	21	23	27	31	3	
中國	GMS																	4	7	8	9	11	12	13	17	19	2
	SM																							1	1	1	3
	其他																										
	小計																	4	7	8	9	11	12	14	18	20	2
台灣	GMS																		1	1	2	1					
	SM																										
	其他																										
	小計																		1	1	2	1					
合計		3	3	5	5	6	8	12	14	15	16	18	19	21	27	25	26	30	35	41	42	51	58	68	78	86	10

註：業態分類中的「其他」包括 Jusco living plaza、10 dollar plaza、便當店的門市數，以上品牌
　　皆在香港展店。

※GMS：綜合超市 SM：食品超市

資料來源：作者根據永旺股份有限公司《決算補充資料（各年版）》編製

3. 追求全球在地化

　　永旺一直在追求「全球在地化」的發展。所謂的全球在地化，就是將追求世界規模的「全球化」，以及與社區緊密結合的「在地化」思維融合後，蘊釀出來的一種概念。永旺在打入海外市場之際，除了要充分發揮既往在日本國內累積的優勢之外，同時也要懂得尊重當地環境條件下的文化與傳統，以追求深耕在地的經營。永旺在亞洲的發展，是以綜合超市（General Merchandise Store，簡稱 GMS）為主軸來推動。而這種業態的主要目標客群，是居住在郊外新興住宅區的中產階級。

　　所謂的綜合超市，就是擁有佔地廣大的門市，創造出含括「食」、「衣」、「住」的綜合商品搭配，讓顧客什麼都能買得到，提供一站式購足的方便性，並透過自助式服務，讓顧客不必假手店員就能自行挑選商品，再加上同時經營多家門市的連鎖操作等高效經營手法，以實現低價銷售的一種業態。此外，在對大型商場展店規範較嚴謹的國家，或是在消費者的購買圈很受限的地區或地點，則是把心力投注在門市規模較小，但供應生鮮食品的食品超市（supermaret，簡稱 SM）上。以下我們就要來看看永旺在海外市場的展店過程，以及在背後支援他們展店的相關機制。

◇展店的「全球化」措施

　　零售業者在進軍海外市場之際，如何完整訴求自身優勢，是一大課題。畢竟當地已有消費者熟悉的、現有的零售業，也有其他外資早已插旗當地市場。例如在亞洲各國，有美國的沃爾瑪、法國的

第15章

家樂福（Carrefour）、英國的特易購（tesco），還有日本的伊藤洋華堂等綜合超市，都很積極地佈局。

　　究竟永旺是如何訴求自身優勢的呢？首先，他們在海外市場也和在日本國內一樣，除了訴求商品和服務的品質之外，也強調他們在供應方法上的獨創性。例如永旺對於提供衛生管理周全的賣場與商品，著力甚深。尤其在生鮮食品的採購方面，除了會介入栽種或飼養的過程之外，在店頭的加工及供應方法上，也特別強調安心和安全。在亞洲的新興經濟體當中，許多消費者在經濟富裕之後，也開始追求飲食上的安心與安全。永旺的農產品賣場，銷售的是向門市附近契作農戶採購而來的有機蔬菜和低農藥蔬菜，強調講究安全、安心的商品。為呈現商品的安全性，永旺會特別放上生產者的正面照片，這一點和日本的做法一樣。還有，永旺會在水產和畜產賣場導入淨水設備，以過濾自來水，再用這些純淨水來進行食品加工和清洗廚房器具，落實衛生管理。而在加工鮮魚時，則是採用與日本相同的保鮮措施，以冰鹽水處理。

　　此外，永旺也會把日本成功的銷售手法，移植到海外。例如在因為重視食材鮮度而偏好購買活體食材的亞洲國家，永旺採用的是消費者較為陌生的「包裝銷售生鮮食品」。強調供應的商品，都是在嚴格衛生管理下的作業區，分裝成適當的分量，可為消費者減少烹調處理的手續，訴求方便性。再者，永旺也把日本百貨公司地下街很受歡迎的「中食14」文化，導入了海外的門市。他們在食品賣場設置了專區，把專業師傅所做的菜餚盛裝在大盤上銷售，為顧客建立「買回家享用」的消費習慣。起初先從壽司和炸蝦等日本菜開

---

14 已烹調完成，外帶回家即可享用的餐點。

始試賣，再逐漸加入當地菜色，深獲顧客好評。

　　還有，永旺在亞洲佈局上的另一項特色，就是以購物中心的開發、營運，和綜合超市的展店同步並行。這個措施，當然也是他們在日本培養的強項。永旺在馬來西亞和中國，是把綜合超市當作購物中心裡的主力店，在購物中心裡展店，結合多家服飾與生活雜貨等專門店，創造加乘效果來招攬顧客上門；再搭配電影院、美食街，以及大型停車場，讓購物中心更吸引人。其實興建購物中心就等於是在打造一個街區，能促進地方繁榮發展，在當地很受歡迎。永旺透過商業聚落的形式，創造商家魅力，成功與同業的單一門市做出了差異化。尤其在汽車逐漸普及的中國，更成了一項很有效的措施。

◇展店的「在地化」措施

　　零售業者在佈局全球之際，除了把在母國成功奏效的做法移植到海外，同時還必須在展店後不斷地嘗試錯誤，找出能適應當地環境的措施。尤其在食品的銷售上，海外各地市場由於種族與宗教的不同，所衍生多樣要求，更是永旺必須因應的課題。

　　舉例來說，永旺跨足海外的第一站，選擇了馬來西亞，是馬來人、華人和印裔人共存的地方。因此，超市必須依這些族群的生活形態，供應合適的品項或服務。我們再更進一步觀察，就會發現馬來西亞有很多人信奉回教。誠如各位所知，回教把吃豬肉和飲酒視為禁忌，所以永旺在當地銷售回教禁止食用的「非清真產品」（Non Halal，原文意指「有害的、有毒的東西」）時，會另設賣場，明確地做出區隔。此外，回教還有所謂的「齋戒月」（Ramadan），也

第15章

就是信徒必須斷食的月份。在這段期間，信徒從日出到日落，除了漱口之外，不能吃任何東西，飲食節奏為之丕變。

另外，在中國的生鮮食品銷售，則是要擺滿琳瑯滿目的商品，並派出店員面對面服務，才是市場的主流。中國消費者熟悉的傳統市場，是在熱鬧的氣氛中供應新鮮的食材。於是永旺在門市的水產賣場設置了大型水族箱，將淡水魚、海水魚都放進去，讓牠們在裡面悠游，營造熱鬧的氣氛。永旺不僅以面對面的方式賣新鮮活魚，還可依顧客需求，提供代客烹調的服務。所謂的「超市」業態，本來應該是以自助式的型態，銷售預先包裝好的商品，以節省人事費用，壓低商品售價為特色。然而，永旺會視當地的情況彈性調整，提供一些面對面的服務，例如秤重計價或代客烹調等。而這些因應措施，在蔬菜和肉品區也都適用。

◇商品採購與配送管理

綜合超市或食品超市在跨國發展時，如何備妥切合當地日常生活的商品，是一大課題。尤其生鮮食品還要顧慮鮮度和成本的問題，因此更需要落實在地化的商品採購。然而，永旺在進軍亞洲市場之初，就必須面對各國不同的批發業界特性和製造商供應體系，所給的震撼教育。

首先，當年永旺進軍的這些市場，都沒有完整的批發商系統。日本有所謂的批發商，會依零售業者的需求，備妥多家製造商的商品，在指定日期配送正確數量給通路。日本的批發商兼具了兩項功能，一是在倉庫存放豐富商品的「存貨功能」，再者依訂單內容備

妥商品,再配送給通路的「物流功能」。零售業者只和少數幾家批發商往來,就能推出豐富的商品搭配。可是,當年在亞洲各國,幾乎都還看不到這樣的批發商。

　　例如當年在中國或台灣,負責銷售各式商品的綜合批發業,發展尚不健全,通路業者必須和製造商及其經銷商建立多方交易關係。此外,很多經銷商都只屬於個別製造商,導致彼此的交易關係更為複雜。在泰國則是由少數批發商把持市場,對於永旺這一家初來乍到、事業規模也還不成氣候的外資,提出了相當苛刻的交易條件。再加上製造商的權力也很強勢,有時根本不願接受通路對交易所提出的需求。舉凡暢銷商品優先供應給在地的大型零售業者、送到永旺的商品數量不符,或甚至是商品沒在約定時間送達等問題,屢見不鮮。

　　處於這樣的狀態下,永旺積極打造自家的商品採購與配送體系。在泰國,永旺與當地的日系食品批發業者菱食(現已更名為三菱食品)合作,成立了物流公司;在馬來西亞則是找上已深耕當地市場的日系物流業者山九(Sankyu),請他們負責驗貨和傳票入帳等業務,門市配送則請西濃運輸(Seino Transportation)協助;而在中國則是建置了自用的物流中心,將相關業務委由當地的日系食品批發業者辦理。

◇人力資源管理

　　以上我們簡要介紹了永旺在亞洲市場的展店佈局，和在商品採購、配送上的作為。要實際推動這些措施，當然需要人力資源（人才）。零售業者在佈局全球之際，包括門市營運在內，許多業務都需要仰賴當地員工。因此，除了要讓社會習慣和工作價值觀不同的在地人才，確實了解永旺的企業理念與在日本累積的專業之外，同時還要整頓人才培訓與組織體系，以期能讓在地員工承擔主導業務的角色。因此，人力資源管理也是很重要的課題。為此，永旺進軍海外之初，帶領當地法人公司的經營主管，多半都是日本人。

　　在永旺發展亞洲事業的過程中，日籍員工所扮演的角色，就是要在當地培訓經營主管，以促進企業的全球在地化。其中最具體的措施之一，就是把永旺於一九六九年時，在日本所建立的內部教育訓練制度——佳世客大學（現已更名為永旺大學）帶到每個海外據點開設，以積極培訓人才。最早是在一九九一年時，在泰國成立了暹羅佳世客大學，教授「連鎖店的基本原則」、「來客調查手法」、「銷售計劃的擬訂」和「賣場陳設的基礎」等課程，以培訓儲備幹部。近期則是在二〇〇三年時，於中國開設了華南永旺大學。

　　還有，永旺在進軍海外後不久，就開始讓海外各國的人員到日本，接受經營實務和日文的研習。例如馬來西亞的佳雅佳世客百貨，在一九九五年時就以「日本研習」為名，將這一套做法制度化。而永旺連對店頭基層員工，也都會透過教育訓練來深化他們對企業理念和專業的了解。以馬來西亞的佳雅佳世客百貨為例，他們為了把公司在日本建立的細膩服務，當作是和其他同業做出差異化的工具，便以收銀員為對象，導入了「重整收銀」（reforming of cashier）專案。除了教收銀員如何加快作業速度，以減少顧客的等待時間之外，也會告訴員工如何透過對話來讓顧客覺得和藹可親，以及肢體語言該如何運用等。

而在門市營運和管理責任方面，則是從初期就由本地員工扮演主導的角色——畢竟要管理那些實際在各國門市工作的員工，還是必須仰賴能體會他們心情感受的本地員工。還有，企業要在海外市場成功，也必須適應當地的商業習慣和消費特性。換言之，零售業在跨國發展的過程中，絕對少不了熟悉在地事務的人才居間穿梭。

目前，永旺正在推動組織改革，以便奠定一個能讓公司在全世界成長的經營基礎。他們將成立以當地員工為負責人的中國總公司與東協（ASEAN）總公司，期能透過這一波組織改組，加速永旺在亞洲的事業發展與決策。未來會將商品採購、物流和總務等權限交給各地的總公司，加強全球在地化佈局的推進力道。

第 15 章

4. 事業系統的建構

以上我們透過永旺拓展亞洲事業的經驗，簡要介紹零售業者在跨國發展時應具備的基本條件；也了解零售業者除了要以在國內累積的知識與經驗為基礎，同時還要評估海外市場的環境條件特點，以建立海外事業的運作機制。

發展一項事業所需的經營資源（人力、物力、財力、資訊力），和系統性整合各項活動的機制，我們稱之為「事業系統」。換言之，我們可以說它是藉由規劃經營資源的配置與組合，所產生的機制。而在規劃之際，要思考將哪些商品提供給哪一群消費者，同時評估由哪些人負責哪些工作，才能讓大家都能滿懷幹勁地投入工作。

零售業者在跨國發展時，要以在國內累積的知識與經驗為基礎，同時也要因應海外市場的環境條件特點，打造出一套事業系統。首先必須評估公司要以什麼業態、進軍哪一國；接著是要考慮做什麼訴求，以及如何訴求。因此，業者必須以「商品搭配」、「價格設定」、「門市立地條件」、「促銷活動」、「營業時間」、「顧客服務」等要素，創造出別具魅力的成果物。此時，零售業者可強調自身優勢，就像在國內時一樣；也可以試著挑選一些當地前所未見的新價值觀，向顧客提出建議。另一方面，零售業者還必須迎合在地消費者的喜好。所以，在進軍海外時，要和當地製造商或批發業者建立交易管道，更要整頓商品採購和物流的體系。還有，業者要把以往在國內所累積的知識，傳授給海外市場的在地人才，同時也要從他們身上吸收在地知識與資訊，以便在海外市場做出更適應在地生態的發展——這也是一個很重要的課題（專欄 15-2）。

專欄 15-2

便利商店的跨國發展（全家）

　　全家便利商店的跨國發展，始於一九八八年插旗台灣市場。之後，全家又陸續擴張海外版圖，進軍韓國、泰國、中國、美國和越南。至二〇〇九年時，全家的海外門市已多達 9,300 家，超越了在日本國內的門市家數（表 15-3）。

　　全家在海外展店之際，對「款待」（hospitality）這個訴求，著力甚深。他們落實執行開朗迅速、滿懷誠意待客的「服務」（service），吸引人的賣場陳設與品質管理的「品質」（quality），以及處處清潔到位的「乾淨」（cleanliness）──全家稱之為「S&QC」。

　　此外，海外便利商店的「中食」（便當、三明治、沙拉、甜點等）向來種類不多、品質欠佳。全家對這一點也做了很多努力。要主打以「中食」為核心的商品結構，就必須整頓商品製造體系，並建立一套可保鮮配送的機制。全家在各個海外市場，都打造了自行採購商品的制度。最近還於二〇一〇年五月時，在上海設立了一座綜合物流處理中心，當中包括了高產能的中食工廠，和具備全溫層倉儲的物流中心。

　　全家在各國展店時，當然也有本土員工的的大力協助。他們為了讓員工落實在明亮整潔的門市裡，親切合宜地為顧客服務，特別開發了一套標準作業手冊，並運用這一套教材，在人才培訓上投注了相當多心力，全家在每個已插旗的海外市場，皆設有教育訓練中心，藉由一再重複的訓練，貫徹 S&QC。例如中國原本在顧客上門或離開時，沒有問候的習慣，全家就從頭教起，讓員工知道「歡迎光臨」、「謝謝惠顧」的問候，加上周到的服務，有助於提升顧客滿意度。

　　全家以在日本累積的專業為基礎，在商品搭配和門市特性上則順應在地需求，努力打造出適合每個國家的商業模式。就像這樣，在便利商店推動跨國發展的過程中，懂得站在全球在地化的觀點，建構事業系統，也是相當重要的關鍵。

第**15**章

【表 15-3　全家的全球展店佈局】

國家	01	02	03	04	05	06	07	08	09	10
日本	5,856	6,013	6,199	6,424	6,734	6,974	7,187	7,404	7,688	8,248
台灣	1,193	1,332	1,701	1,701	2,023	2,023	2,247	2,336	2,424	2,637
韓國	959	1,528	2,817	2,817	3,209	3,471	3,787	4,180	4,743	5,511
泰國	176	250	509	509	536	538	507	525	565	622
中國				50	101	104	136	194	359	566
美國					3	12	11	12	9	10
越南									1	4
合計	8,184 (2,328)	9,123 (3,110)	10,326 (4,127)	11,501 (5,077)	12,452 (5,718)	13,122 (6,148)	13,875 (6,688)	14,651 (7,247)	15,789 (8,101)	17,598 (9,350)

註：合計欄括弧內的數字為海外門市家數合計
資料來源：作者根據全家便利商店股份有限公司《年報》（各年版）編製

　　在推動這些措施之際，「全球在地化」的觀點至關重要。換句話說，零售業者面對海外市場的環境條件時，要主動出擊，以便讓業者原本在國內累積的優勢，也能在海外市場發揮；於此同時，業者也要摸索一些適應之道，以便接納當地的環境條件。簡而言之，零售業者的跨國發展，要站在全球在地化的觀點，從「創造給消費者的成果物」、「商品採購制度的確立」以及「人力資源管理」的層面，打造出合適的事業系統。

5. 結語

在本章當中，我們以永旺的案例為基礎，說明零售業者在跨國發展時，必須在當地市場建立事業系統；也看到零售業者要在不同於國內的環境下發揮原有優勢時，懂得站在「全球在地化」的立場，是一大關鍵。

永旺在展店的過程中，除了強調創造「安心、安全」的價值與建議之外，在商品的供應上，也採取了一些順應當地習慣的措施。再者，購物中心的開發、營運與綜合超市的展店並行，等於是主動為自己創造環境條件。還有，永旺在海外面對不同於日本國內的商品採購狀況時，除了因應問題，同時也自行建立交易管道和物流體制。而在人力資源管理方面，永旺不僅積極對內推廣企業理念和過去在日本累積的知識，也尊重當地員工的觀點與意見，做出順應民情的回應。

零售業者在跨國發展之際，不只要強調既往在國內累積的優勢，也要採納一些入境隨俗的做法。在全球化不斷發展的現代社會當中，國境的存在，其實意義非凡。即使是在看待鄰近國家時，「似近實遠」的觀點，是很重要的心態。

第 15 章

❓動動腦

1. 誠如本章開頭所述，日本零售業進軍海外的腳步，正在逐漸加速。促使這些百貨公司和便利商店等通路積極挑戰海外市場的背景和動機為何？

2. 在日本的零售業者當中，像永旺和優衣庫等重視跨國發展的企業，都在「全球徵才」上投注了很多心力。這些企業積極僱用外國人的意義為何？

3. 找一家已在日本市場插旗的外資零售業者，想一想那些和它正面交鋒的日本企業，究竟有什麼不同？

主要參考文獻

加護野忠男《「競爭優勢」系統》PHP 新書，1999 年。

川端基夫《亞洲市場幻想論》新評論，1999 年。

向山雅夫、崔相鐵編《零售業者的跨國發展》中央經濟社，2009 年。

矢作敏行《零售國際化的進程》有斐閣，2007 年。

進階閱讀

☆想更了解亞洲各國零售市場的特色，以及零售業者在亞洲的跨國發展：

川端基夫《亞洲市場的環境〈東南亞篇〉》新評論，2005 年。

川端基夫《亞洲市場的環境〈東亞篇〉》新評論，2006 年。

☆想更了解包括歐美在內的全球各國零售市場有何特色，以及零售業者在這些市場的跨國發展：

若林靖永、崔容熏等譯《變化的全球零售業》新評論，2009 年。

作者介紹（依章節順序排列）

清水 信年（Shimizu Nobutoshi）.....................................第 1 章
流通科學大學 商學系 教授

橫山 齊理（Yokoyama Narimasa）.................................第 2 章
法政大學 企管系 教授

東 利一（Higashi Toshikazu）......................................第 3 章
流通科學大學 商學系 教授

廣田 章光（Hirota Akimitsu）......................................第 4 章
近畿大學 企管系 教授

坂田 隆文（Sakata Takafumi）.....................................第 5 章
中京大學 綜合政策系 教授

高橋 廣行（Takahashi Hiroyuki）.................................第 6 章
同志社大學 商學系 副教授

水野 學（Mizuno Manabu）..第 7 章
日本大學 商學系 教授

高室 裕史（Takamuro Hiroshi）..................................第 8 章
甲南大學 企管系 教授

遠藤 明子（Endo Akiko）..第 9 章
福島大學 經濟企管學類 副教授

西川 英彥（Nishikawa Hidehiko）...............................第 10 章
法政大學 企管系 教授

金 雲鎬（Kim unho）...第 11 章
日本大學 商學系 教授

竹村 正明（Takemura Masaaki）.................................第 12 章
明治大學 商學系 教授

藤田 健（Fujita Takeshi）...第 13 章
山口大學 經濟系 副教授

細井 謙一（Hosoi Kenichi）......................................第 14 章
廣島經濟大學 經濟系 教授

鳥羽 達郎（Toba Tatsuro）..第 15 章
富山大學 經濟系 教授

新商業周刊叢書　BW0769

從零開始讀懂零售管理

原 文 書 名／1からのリテール・マネジメント
作　　者／清水信年、坂田隆文
譯　　者／張嘉芬
責 任 編 輯／劉芸
版　　權／黃淑敏、翁靜如、吳亭儀、邱珮芸
行 銷 業 務／周佑潔、林秀津、黃崇華、劉治良

總 編 輯／陳美靜
總 經 理／彭之琬
事業群總經理／黃淑貞
發 行 人／何飛鵬
法 律 顧 問／台英國際商務法律事務所 羅明通律師
出　　版／商周出版　台北市中山區民生東路二段141號9樓
　　　　　電話：(02)2500-7008　傳真：(02)2500-7759
　　　　　E-mail：bwp.service@cite.com.tw
發　　行／英屬蓋曼群島商家庭傳媒股份有限公司 城邦分公司
　　　　　台北市104民生東路二段141號2樓
　　　　　讀者服務專線：0800-020-299 24小時傳真服務：(02) 2517-0999
　　　　　讀者服務信箱E-mail：cs@cite.com.tw
　　　　　劃撥帳號：19833503 戶名：英屬蓋曼群島商家庭傳媒股份有限公司城邦分公司
訂 購 服 務／書虫股份有限公司客服專線：(02) 2500-7718；2500-7719
　　　　　服務時間：週一至週五上午09:30-12:00；下午13:30-17:00
　　　　　24小時傳真專線：(02) 2500-1990；2500-1991
　　　　　劃撥帳號：19863813 戶名：書虫股份有限公司
　　　　　E-mail：service@readingclub.com.tw
香港發行所／城邦(香港)出版集團有限公司
　　　　　香港灣仔駱克道193號東超商業中心1樓
　　　　　電話：(825)2508-6231　傳真：(852)2578-9337
　　　　　E-mail：hkcite@biznetvigator.com
馬新發行所／城邦(馬新)出版集團
　　　　　Cite (M) Sdn Bhd
　　　　　41, Jalan Radin Anum, Bandar Baru Sri Petaling, 57000 Kuala Lumpur, Malaysia.
　　　　　電話：(603) 9057-8822 傳真：(603) 9057-6622 E-mail: cite@cite.com.my

封面設計／黃宏穎　　內頁設計排版／劉依婷　　印刷／鴻霖印刷傳媒股份有限公司
經 銷 商／聯合發行股份有限公司　電話：(02)2917-8022　傳真：(02) 2911-0053
　　　　　地址：新北市231新店區寶橋路235巷6弄6號2樓

1 KARA NO RETAIL MANAGEMENT
© NOBUTOSHI SHIMIZU / TAKAFUMI SAKATA 2012
Originally published in Japan in 2012 by SEKIGAKUSHA INC.
Chinese translation rights arranged through TOHAN CORPORATION, TOKYO.

2021年05月11日初版1刷

國家圖書館出版品預行編目(CIP)資料

從零開始讀懂零售管理：不用懂艱深數學，一本掌握
商業世界運作的邏輯/清水信年、坂田隆文著；張嘉
芬譯. -- 初版. -- 臺北市：商周出版：英屬蓋曼群島商
家庭傳媒股份有限公司城邦分公司發行, 2021.05
　面；　公分
譯自：1からのリテール・マネジメント
ISBN978-986-0734-15-7(平裝)

1.零售管理

550　　　　　　　　　　　　　　　110003351

※本書第9章「零售業的商品研發」中，關於CGC集團案例的所有資訊及照片，皆為2012年時的資料。

商周出版

廣　告　回　函
北區郵政管理登記證
台北廣字第000791號
郵資已付，免貼郵票

104台北市民生東路二段141號2樓
英屬蓋曼群島商家庭傳媒股份有限公司
城邦分公司　收

請沿虛線對摺，謝謝！

商周出版

| 書號：BW0769 | 書名：從零開始讀懂零售管理 | 編碼： |

 商周出版

讀者回函卡

感謝您購買我們出版的書籍！請費心填寫此回函卡，我們將不定期寄上城邦集團最新的出版訊息。

不定期好禮相
立即加入：商
Facebook 粉

姓名：＿＿＿＿＿＿＿＿＿＿＿＿＿＿＿ 性別：□男 □女

生日：西元＿＿＿＿年＿＿＿＿月＿＿＿＿日

地址：＿＿＿＿＿＿＿＿＿＿＿＿＿＿＿＿

聯絡電話：＿＿＿＿＿＿＿ 傳真：＿＿＿＿＿

E-mail：

學歷：□ 1. 小學 □ 2. 國中 □ 3. 高中 □ 4. 大學 □ 5. 研究所以上

職業：□ 1. 學生 □ 2. 軍公教 □ 3. 服務 □ 4. 金融 □ 5. 製造 □ 6. 資訊

□ 7. 傳播 □ 8. 自由業 □ 9. 農漁牧 □ 10. 家管 □ 11. 退休

□ 12. 其他＿＿＿＿＿＿＿＿

您從何種方式得知本書消息？

□ 1. 書店 □ 2. 網路 □ 3. 報紙 □ 4. 雜誌 □ 5. 廣播 □ 6. 電視

□ 7. 親友推薦 □ 8. 其他＿＿＿＿＿＿＿

您通常以何種方式購書？

□ 1. 書店 □ 2. 網路 □ 3. 傳真訂購 □ 4. 郵局劃撥 □ 5. 其他＿＿＿

您喜歡閱讀那些類別的書籍？

□ 1. 財經商業 □ 2. 自然科學 □ 3. 歷史 □ 4. 法律 □ 5. 文學

□ 6. 休閒旅遊 □ 7. 小說 □ 8. 人物傳記 □ 9. 生活、勵志 □ 10. 其他

對我們的建議：＿＿＿＿＿＿＿＿＿＿＿＿＿

＿＿＿＿＿＿＿＿＿＿＿＿＿＿＿＿＿＿＿

＿＿＿＿＿＿＿＿＿＿＿＿＿＿＿＿＿＿＿